职业教育工业机器人技术应用专业创新型系列教材

工业机器人操作与编程

主　编　蔡基锋

副主编　曾宝莹　林远胜

科学出版社

北　京

内 容 简 介

本书为工业机器人技术应用专业核心课程配套教材。书中设计了六个项目，分别为工业机器人舞狮、工业机器人做操、工业机器人写字、工业机器人绘图、工业机器人搬运、工业机器人码垛，不仅涵盖了工业机器人操作与编程的基本内容，而且可使读者通过真实工作情境，掌握工业机器人轨迹编程、搬运、码垛等典型工业任务的基本操作。

本书结构设计体现学做一体，每个任务设有导学框图，随后引领学生以探究精神完成任务内容，以图表形式展现操作内容。更可贵的是，将思政内容融入工程操作中，体现教材立德树人根本目标。本书提供了丰富的数字化教学资源，配套的在线精品课程已经上线，学校可结合教材内容在线开课。

本书可作为职业院校工业机器人技术应用及相关专业教学用书，或职业技能大赛、"1+X"职业技能等级证书考试等参考用书，也可作为相关工程技术人员的参考用书。

图书在版编目（CIP）数据

工业机器人操作与编程/蔡基锋主编. —北京：科学出版社，2023.4
ISBN 978-7-03-075321-2

Ⅰ．①工⋯　Ⅱ．①蔡⋯　Ⅲ．①工业机器人-操作　②工业机器人-程序设计　Ⅳ．①TP242.2

中国国家版本馆 CIP 数据核字（2023）第 055414 号

责任编辑：陈砺川　李　莎 / 责任校对：王万红
责任印制：吕春珉 / 封面设计：东方人华平面设计部

科学出版社 出版
北京东黄城根北街 16 号
邮政编码：100717
http://www.sciencep.com
天津翔远印刷有限公司 印刷
科学出版社发行　　各地新华书店经销
*
2023 年 4 月第 一 版　　开本：787×1092 1/16
2023 年 4 月第一次印刷　　印张：12 3/4
字数：313 000

定价：49.00 元
（如有印装质量问题，我社负责调换〈翔远〉）
销售部电话 010-62136230　编辑部电话 010-62138978-1028

本书编写指导委员会

前　言

　　制造业是国民经济的主体，是立国之本、兴国之器、强国之基。党的二十大报告指出，到 2035 年基本实现新型工业化，强调"坚持把发展经济的着力点放在实体经济上，推进新型工业化，加快建设制造强国、质量强国、航天强国、交通强国、网络强国、数字中国。实施产业基础再造工程和重大技术装备攻关工程，支持专精特新企业发展，推动制造业高端化、智能化、绿色化发展。"这是建设现代化产业体系，实现高质量发展的重要基础，也是我国建设社会主义现代化强国的重要保障。机器人被誉为"制造业皇冠顶端的明珠"，其研发、制造、应用是衡量一个国家科技创新和高端制造业水平的重要标志。中国制造业要强起来，机器人必须强起来。

　　工业机器人在不断发展变化，其应用范围涉及工业、农业、国防等众多领域，是现代工业技术的支柱之一，是高新技术产业的重要组成部分，在国民经济中发挥着越来越重要的作用。全球诸多国家近半个世纪的工业机器人应用实践表明，工业机器人的普及是实现自动化生产、提高社会生产效率、推动企业和社会生产力发展的有效手段。

　　为满足行业对大国工匠、高技能人才的需求，由广东省"双师型"蔡基锋名师工作室牵头，联合装备制造行业、企业及多所相关院校共同开发和编写了本书。本书面向"工业机器人操作与编程"课程编写。该课程是工业机器人技术应用专业的核心课程，也可面向机电一体化、电气自动化技术、数控加工等装备制造大类相关专业开设。课程内容涵盖的知识点和能力点可满足学生从事工业机器人现场操作、程序设计、安装维护等工作领域所必须掌握的核心岗位能力要求。

　　本书根据工业机器人现场操作技术员岗位职业能力设立六个项目的内容。前面四个项目具有趣味性，分别为工业机器人舞狮、工业机器人做操、工业机器人写字、工业机器人绘图，涵盖了工业机器人操作与编程的基本内容；后面两个项目为工业机器人搬运、工业机器人码垛，让学生可以通过真实工作情境，掌握工业机器人搬运、码垛等典型工业任务及标准化操作流程。

　　本书具有以下特色。

　　（1）坚持立德树人，促进学生全面发展。在案例中融入大国智造、安全操作规范、大国工匠等思政元素，努力培养德技兼修、知行合一、具有工匠精神的技术技能人才。

　　（2）对接多方标准、岗课赛证融通。本书依据行业标准、岗位标准、课程标准，技能证书标准、职业竞赛标准等内容编写，内容涵盖了工业机器人操作与编程的理论知识和行业发展的新技术、新工艺、新规范和新要求，适用于教学、竞赛培训、"1+X"职业技能等级证书考试培训，还可供职业院校和行业企业开展技能培训使用。

　　（3）体现工作过程导向的先进理念。以典型工作项目为载体，以岗位的工作过程为主线，让学生在尽量贴近真实工作情境中完成完整工作过程，获得相关知识和技能，提升职业综合素养。

　　（4）每个任务按照"任务描述""学习目标""导学框图""任务探究""任务实施""学习评价""作业小测"等环节展开。通过"导学框图"这种提纲挈领的方式，使学生清晰地获得学习的思维导图;"任务探究"部分采用提问方式引导学生思考而避免填鸭式学习;"任务实施"部分采用图表方式展现,清晰易读,所描述的操作过程标准化,利用规范的工程算法逻辑和形象的控制流程图,使学生养成清晰的、逻辑性强的程序思维和工程思维习惯;"学习评价"及"作业小测"方便学生总结、提高,举一反三。

(5)校企双师协同,操作科学规范严谨。本书由具有长期工作经验的优秀工程师和资深专任教师合作完成。编写团队通过大量的企业实践和调研,提取典型工作任务作为教学任务,实现教学过程与生产过程的对接。

(6)多种学习模式结合,易教、好学、创新。采用"纸质教材+数字课程"的方式,配有课程全套数字化教学资源,包括微课、课件、代码、素材等,内容丰富,功能完善。与本书配套开发的精品在线开放课程"工业机器人操作与编程"已上线运行,可访问国家职业教育智慧教育平台 https://vocational.smartedu.cn/,搜索本课程进行学习。编写团队针对书中的项目,还开发了虚拟仿真学习资源,包括仿真工作站和仿真演示案例。对于网络学习者,即使缺少实际的工业机器人硬件,也可以借助三维仿真环境和虚拟设备,按照任务实施中的操作步骤,逐步完成课程项目中的学习任务。

本书由蔡基锋任主编,曾宝莹和林远胜任副主编。具体编写分工如下:项目 1 由广州市轻工职业学校周伟贤和张文杰编写,项目 2 由广州市轻工职业学校赵锡恒编写,项目 3 由广州市轻工职业学校林远胜编写,项目 4 由广州市轻工职业学校蔡基锋和曾宝莹编写,项目 5 由广州市轻工职业学校田冰编写,项目 6 由广州市轻工职业学校叶健滨编写,全书由曾宝莹统稿,华南理工大学高级工程师宋建审稿。广州市轻工职业学校水沁、汕头市潮阳区职业技术学校彭炯华、佛山市顺德区胡宝星职业技术学校徐登峰、中山市中等专业学校朱重阳、佛山市南海信息技术学校李勇文、中山市建斌职业技术学校黄俊杰、广东埃华路机器人工程有限公司陈兴富参与教材资源建设。广州市教育研究院职业教育与终身教育研究所所长陈凯、ABB 公司工程师叶晖在本书编写过程中提出了宝贵的意见和建议,在此一并表示感谢。

由于编者水平有限,对于书中的不妥之处,恳请广大读者批评指正。

编 者

2022 年 10 月

目　录

工业机器人舞狮

项目情境 ☞ 　　党的二十大报告指出，要"推进新型工业化，加快建设制造强国"、要"推动制造业高端化、智能化、绿色化发展"。智能制造成为全球制造业发展的重要方向和竞相争夺的制高点，而机器人是新兴技术的载体和产业转型升级的重要支撑设备，已成为推动实体经济高质量发展的重要抓手。

　　某工业机器人公司为了展示企业新产品、新技术，塑造品牌形象，扩大企业及产品的市场影响力，正在筹备参与工业机器人展会，并计划选择工业机器人在展会上进行舞狮表演。

　　请根据企业舞狮表演项目要求，识读工业机器人主要技术参数，学会根据使用需求进行工业机器人选型，能根据安全规范操作工业机器人，能进行工业机器人开关机操作、运行机器人程序，通过学习产品选型培养成本意识、学习安全操作规范，养成良好的职业素养，通过调研工业机器人产业，提升学习兴趣，并树立为实现制造强国目标努力奋斗的信念。

任务 1.1　认识工业机器人

一、任务描述

　　本任务由机器人的定义、机器人的特点、机器人的分类、机器人的技术参数、机器人的典型应用五部分组成。学习任务 1.1 可以获得对工业机器人的初步认识和了解。

二、学习目标

- 能够说出工业机器人的定义和特点。
- 能够说出工业机器人的分类。
- 能够说出工业机器人的主流品牌。

- 能够区分不同型号的工业机器人。
- 能够理解工业机器人技术参数的含义。
- 能够说出工业机器人的典型应用。

三、导学框图

任务 1.1 的导学框图如图 1-1-1 所示。

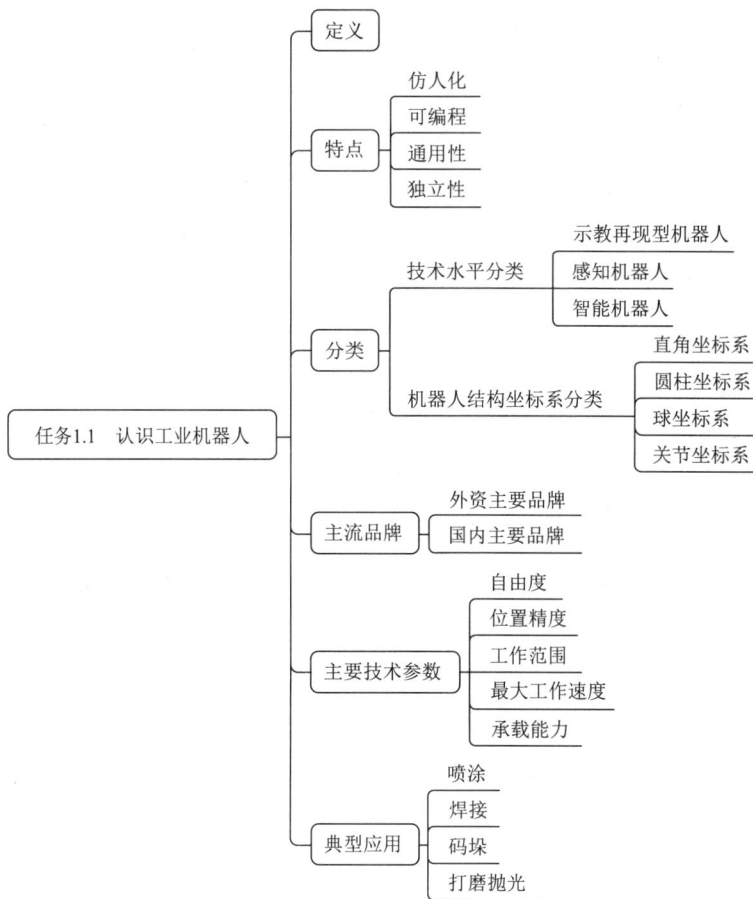

图 1-1-1　任务 1.1 导学框图

四、任务探究

（一）什么是工业机器人

工业机器人是面向工业领域的多关节机械手或多自由度的机器装置，能够自动执行工作，是靠自身的动力能源和控制能力来实现各种功能的一种机器。

（二）工业机器人有什么特点

工业机器人的特点如图 1-1-2 所示。

图 1-1-2 工业机器人的特点

（三）工业机器人如何分类

1. 按照技术水平分类

1）示教再现型机器人

第一代工业机器人是示教再现型机器人，具有记忆能力。这类机器人能够按照人类预先示教的轨迹、行为、顺序和速度重复作业，如图 1-1-3 和图 1-1-4 所示。

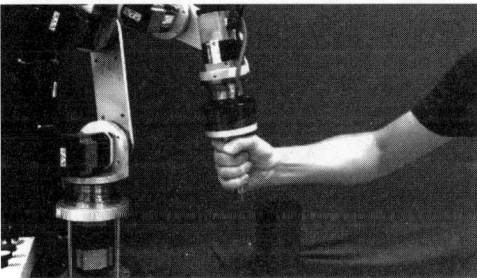

图 1-1-3 手把手示教

图 1-1-4 示教器示教

2）感知机器人

第二代工业机器人是感知机器人，具有环境感知装置，对外界环境有一定的感知能力，并具有听觉、视觉、触觉等功能。在工作时，感知机器人根据感觉器官（传感器）获得的信息，灵活调整自己的工作状态，保证在适应环境的情况下完成工作。目前，感知机器人已进入应用阶段。例如，有触觉的机械手可轻松自如地抓取皮球（图 1-1-5），具有嗅觉的机器人能分辨出不同饮料和酒类（图 1-1-6）。

图 1-1-5 机器人抓取皮球

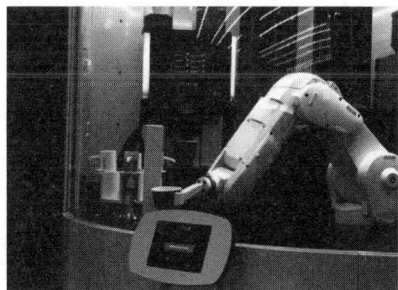

图 1-1-6 具有嗅觉的机器人

3）智能机器人

第三代工业机器人称为智能机器人，具有高度的适应性，有自主学习、推理、决策等功能，如图 1-1-7 和图 1-1-8 所示。

图 1-1-7　自主学习机器人

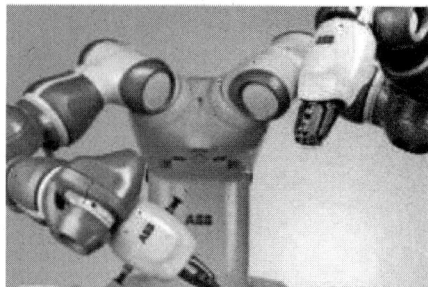

图 1-1-8　双臂智能机器人

2. 按机器人结构坐标系的特点分类

工业机器人的机械配置形式多种多样，典型机器人的机构运动特征是用其坐标特性来描述的。按基本动作机构，工业机器人通常可分为直角坐标型机器人、圆柱坐标型机器人、球坐标型机器人和关节坐标型机器人等类型（图 1-1-9）。各类机器人结构特点分类见表 1-1-1。

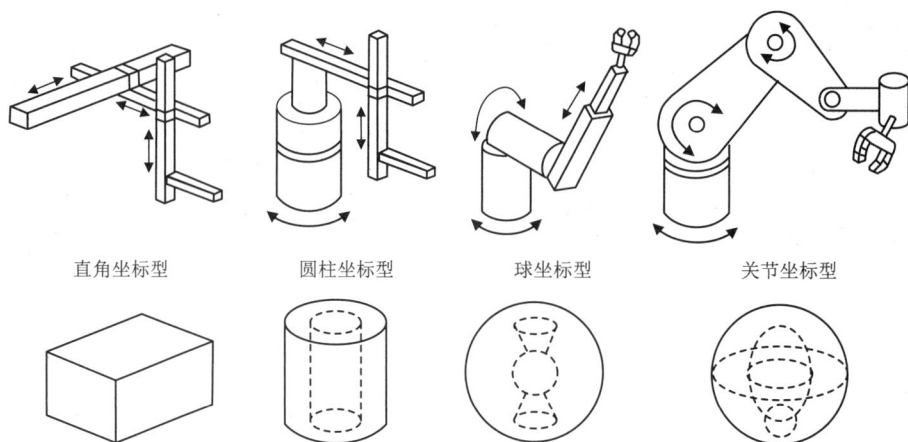

直角坐标型　　圆柱坐标型　　球坐标型　　关节坐标型

图 1-1-9　机器人分类

表 1-1-1　机器人结构特点分类

类型	特点	示意图	实物图
直角坐标型机器人	又称笛卡儿机器人（Cartesian robot），具有空间上相互独立垂直的三个移动轴，一般用于机械零件的搬运、上下料、码垛作业		

续表

类型	特点	示意图	实物图
圆柱坐标型机器人	具有空间上相互独立垂直的三个运动轴，一般被用于生产线末端的码垛作业		
球坐标型机器人	又称极坐标机器人（polar robot），具有空间上相互独立垂直的两个转动轴和一个移动轴，一般被用于金属铸造中的搬运作业		
关节坐标型机器人	① 平面关节型机器人（selective compliance assembly robot arm，SCARA），比较适合 3C 电子产品中小规格零件的快速拾取、压装和插装作业		
	② 垂直关节型机器人，其结构紧凑、灵活性高，是通用型工业机器人的主流配置，比较适合焊接、涂装、加工、装配等柔性作业		
	③ 并联式机器人（parallel robot），又称 Delta 机器人、"拳头"机器人或"蜘蛛手"机器人，具有低负载、高速度、高精度等优点，比较适合流水生产线上轻小产品或包装件的高速拣选、整列、装箱、装配等作业		

　　为保证机器人动作的灵活性和可达性，关节坐标型机器人需要同时实现人体四肢的功能，

即操作和移动。关节坐标型机器人的安装方式、结构特点及适用场合如表 1-1-2 所示。

表 1-1-2　关节坐标型机器人的安装方式、结构特点及适用场合

安装方式		结构特点	适用场合	结构图示
固定式	地装式	将机器人本体直接安装在钢制基座上	通用设备制造业、汽车制造业、家电制造业等离散式生产自动化	
	侧挂式、倒挂式	将机器人本体侧向悬挂在墙壁上或倒置悬挂在天花板及类似钢制悬梁上	食品、饮料、烟草、医药等行业的流程式生产自动化	

（四）工业机器人主流品牌有哪些

中国的工业机器人产业在不断壮大、不断完善，正在迎来一个高速发展的黄金时期，我国自主品牌工业机器人市场份额也在逐步提升。未来随着工业机器人核心零部件在减速器、控制器及伺服系统等领域取得的技术突破，工业机器人国产化率将逐渐提高，国产替代加速正当时。

1. 外资品牌的工业机器人

如表 1-1-3 所示为目前较为主流的外资品牌工业机器人。

表 1-1-3　主流的外资品牌工业机器人

公司名称	所属国家	公司标志	代表产品
ABB	瑞士	ABB	
库卡	德国	KUKA	

续表

公司名称	所属国家	公司标志	代表产品
发那科	日本	FANUC	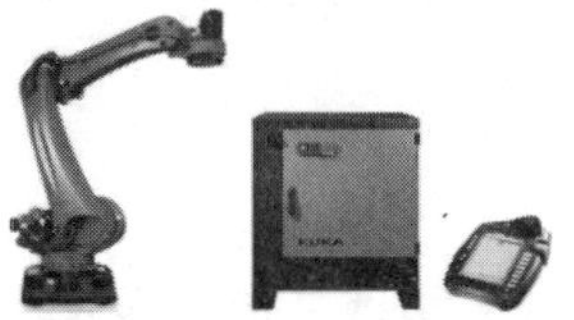
安川	日本	YASKAWA	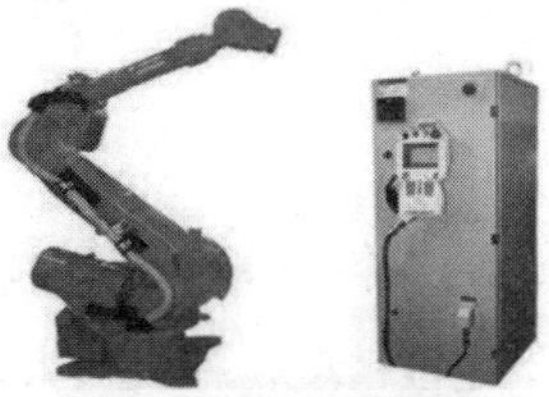
OTC	日本	OTC	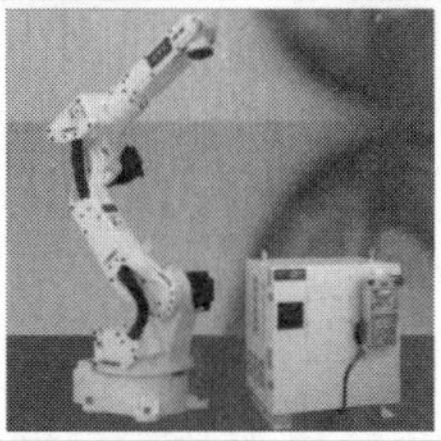
松下	日本	Panasonic	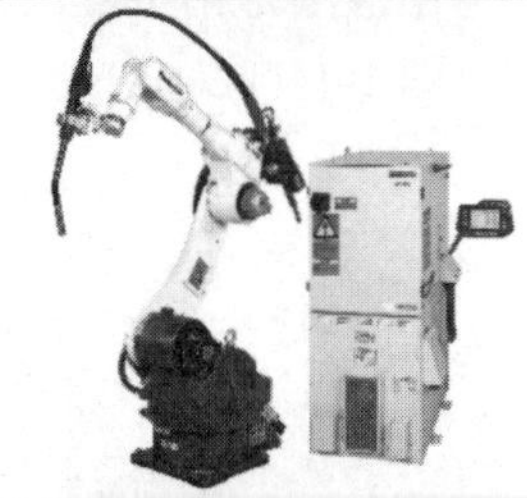
那智不二越	日本	NACHi	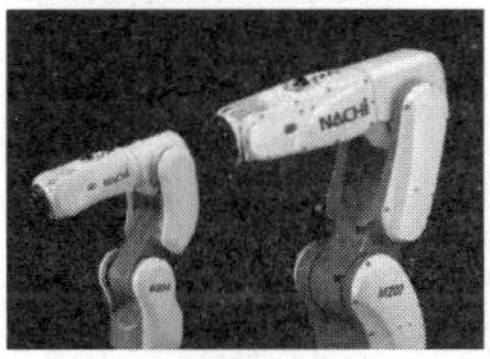
川崎	日本	Kawasaki	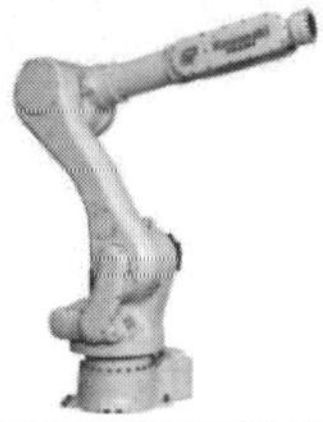

2. 中国自主品牌的工业机器人

中国的工业机器人品牌主要有新松、埃夫特（Efort）、广州数控和李群（图 1-1-10）。

SIASUN 新松　　EFORT　　GSK 广州数控 Command the Future_　　QKM

图 1-1-10　中国工业机器人品牌标志

（五）工业机器人的主要技术参数有哪些

工业机器人的主要技术参数主要有自由度、精度、工作范围、最大工作速度和承载能力。

1. 自由度

自由度是指机器人具有的独立运动的坐标轴数目，用以表示机器人动作灵活程度的参数。

自由度数=关节数

2. 定位精度和重复定位精度

定位精度是指机器人末端操作器的实际位置与目标位置的偏差，由机械误差、控制算法误差与系统分辨率等部分组成。

重复定位精度是指在同一环境、同一目标动作、同一命令下，机器人连续重复运动若干次时，其位置的分散情况，是关于机器人的统计数据。

3. 工作范围

工作范围是指机器人运动时手臂末端或手腕中心所能到达的所有点的集合，也称工作区域。图 1-1-11 为 ABB IRB120 机器人的工作范围。

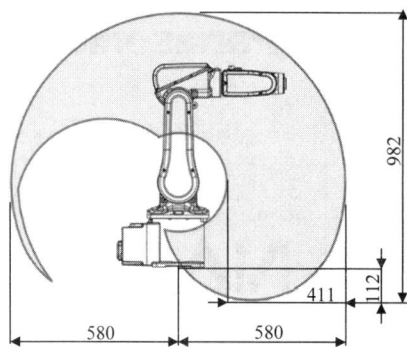

图 1-1-11　ABB IRB120 机器人工作范围（单位：mm）

4. 最大工作速度

工业机器人的最大工作速度通常是指机器人手臂末端的最大速度。

5. 承载能力

承载能力是指工业机器人在工作范围内的任何位置上，机械部分可以承受的最大重量，一般以 kg（公斤）为单位。

举 例

ABB IRB1410 型工业机器人（图 1-1-12）。结构设计紧凑，易于集成，可以布置在机器人工作站内部、机械设备上方或生产线上其他机器人的周边，主要应用于搬运、装配等工作。ABB IRB1410 型工业机器人的工作范围如图 1-1-13 所示，基本参数及运动范围与最大速度如表 1-1-4 和表 1-1-5 所示。

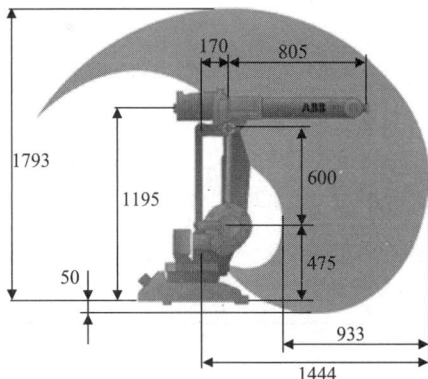

图 1-1-12 ABB IRB1410 型工业机器人   图 1-1-13 ABB IRB1410 型工业机器人工作范围（单位：mm）

表 1-1-4 ABB IRB1410 型工业机器人基本参数

参数	规格	参数	规格
轴数	6	防护等级	54
有效载荷	5kg	安装方式	落地式
最大到达距离	1.44m	机器人基座规格	620mm×450mm
机器人质量	225kg	重复定位精度	0.05mm

表 1-1-5 ABB IRB1410 型工业机器人的运动范围与最大速度

轴序号	运动范围	最大速度
1 轴	+170°～-170°	120°/s
2 轴	+70°～-70°	120°/s
3 轴	+70°～-65°	120°/s
4 轴	+150°～-150°	280°/s
5 轴	+115°～-115°	280°/s
6 轴	+300°～-300°	280°/s

注意：由机器人的工作范围可知，半径为 1.44m 的范围内均为机器人可能达到的范围。因此，在机器人工作时，所有人员应在此范围以外，以免发生危险。

（六）工业机器人的典型应用有哪些

工业机器人在行业中的典型应用如表 1-1-6 所示。

表 1-1-6 工业机器人的典型应用

行业	典型应用
交通运输	喷涂、弧焊、点焊、搬运、装配、冲压、切割（激光、离子）、上下料、去毛边等
电子、电工	搬运、洁净装配、自动传输、打磨、真空封装、检测、拾取等
化工、纺织	搬运、包装、码垛、称重、切割、检测、上下料等

续表

行业	典型应用
机械机电	工件搬运、装配、检测、焊接、铸件去毛刺、研磨、切割（激光、离子）、包装、码垛、自动传送等
电力	布线、高压检查、核反应堆检修、拆卸等
轻工食品	包装、搬运
冶金矿产	钢、合金锭搬运，码垛，铸件去毛刺，浇口切割
家居用品	装配，搬运，打磨，抛光，喷漆，玻璃制品切割、雕刻
海洋产业	深水勘探、海底维修、建造
航空航天	空间站检修、飞行器修复、资料收集
军工	防爆、排雷、兵器搬运、放射性检测

举 例

1）喷涂

工业机器人为汽车车身进行喷涂，如图 1-1-14 所示。

图 1-1-14　喷涂

2）焊接

工业机器人焊接工件，如图 1-1-15 所示。

3）码垛

工业机器人进行货物码垛，如图 1-1-16 所示。

图 1-1-15　焊接

图 1-1-16　码垛

4）打磨抛光

工业机器人进行打磨抛光，如图 1-1-17 所示。

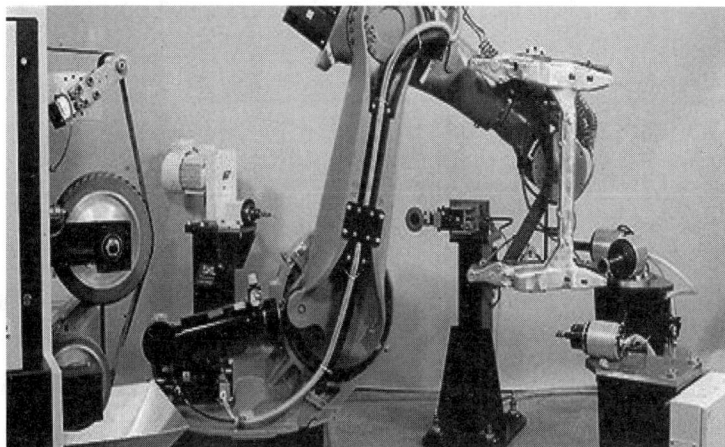

图 1-1-17　打磨抛光

五、任务实施

各学习小组在机器人实训室中选择一款工业机器人，通过查阅资料制作一份该款工业机器人的详细介绍，包括品牌、型号、类别、主要技术参数和典型应用等内容。最后，分小组进行汇报。

六、学习评价

完成任务学习后，请同学们对学习结果进行评价，并填写表 1-1-7。

表 1-1-7　任务 1.1 学习结果评价表

序号	评价内容及标准	评价结果
1	能够正确说出工业机器人的定义	□合格　□不合格
2	能够正确说出工业机器人的类别和主流品牌	□合格　□不合格
3	能够正确说出工业机器人五种主要技术参数和至少十种典型应用	□合格　□不合格

七、作业小测

1. 判断题

（1）工业机器人是一种能自动控制，可重复编程，多功能、多自由度的操作机。

（　　）

（2）发展工业机器人的主要目的是在不违背"机器人三原则"的前提下，用机器人协助或替代人类从事一些不适合人类甚至超越人类的工作，把人类从大量的、烦琐的、重复的、危险的岗位中解放出来，实现生产自动化、柔性化，避免工伤事故和提高生产效率。

（　　）

（3）工业机器人的自由度越高，其运动灵活性越好，承载能力越强。（　）

（4）为了提高机器人的工作效率，要求机器人的最大工作速度越大越好。（　）

（5）数控机床可编程并且能加工多种机械零件，因此数控机床也是一种工业机器人。（　）

（6）自由度是指机器人所具有的独立坐标轴运动的数目，不包括机器人法兰工具的开合自由度。（　）

2. 选择题

（1）早期的工业机器人主要运用于（　）作业中。
　　A. 焊接　　　　B. 搬运　　　　C. 电子装配　　　D. 喷涂

（2）全球第一大机器人市场是（　）。
　　A. 中国　　　　B. 美国　　　　C. 日本　　　　D. 德国

（3）中国工业机器人厂商有（　）。
　　A. ABB　　　　B. 新松　　　　C. EPSON　　　　D. FANUC

（4）为去掉冲压工件表面的毛刺，应进行（　）处理。
　　A. 焊接　　　　B. 涂胶　　　　C. 打磨抛光　　　D. 喷涂

（5）将汽车前挡风玻璃固定在车架上前，应进行（　）处理。
　　A. 焊接　　　　B. 涂胶　　　　C. 打磨抛光　　　D. 喷涂

3. 填空题

（1）工业机器人的主要技术参数包括自由度、精度、_____、_____和_____。

（2）按机器人结构坐标系，工业机器人可划分为直角坐标型、_____、_____、_____。

（3）工业机器人的最大工作速度通常是_____。

4. 问答题

（1）简述我国工业机器人发展情况及未来工业机器人的发展趋势。

（2）选取一款工业机器人，介绍其品牌、主要技术参数、主要应用场合，并制作PPT。

任务 1.2　连接工业机器人

一、任务描述

在布置舞狮场地后，需要连接工业机器人。学习工业机器人的连接有助于提升学生的动手能力，同时也有助于其更好地掌握更深层次的知识。任务 1.2 主要讲述工业机器人的组成、工业机器人电缆、正确连接工业机器人电缆的方法。

二、学习目标

- 能够说出工业机器人的组成。
- 能够说出工业机器人控制柜和示教器结构，以及安全操作方法。
- 能够说出工业机器人的安全操作区域。
- 能够正确连接工业机器人。

三、导学框图

任务 1.2 的导学框图如图 1-2-1 所示。

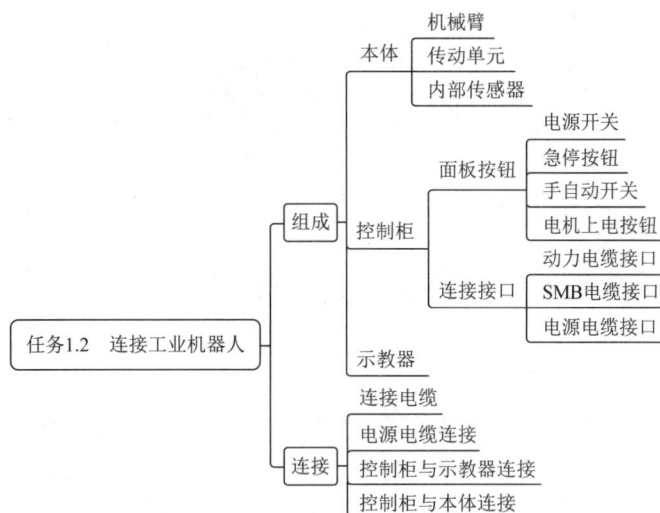

图 1-2-1　任务 1.2　导学框图

四、任务探究

（一）工业机器人由哪些部分组成

工业机器人主要由工业机器人本体、控制柜、连接电缆和_____组成，如图 1-2-2 所示。

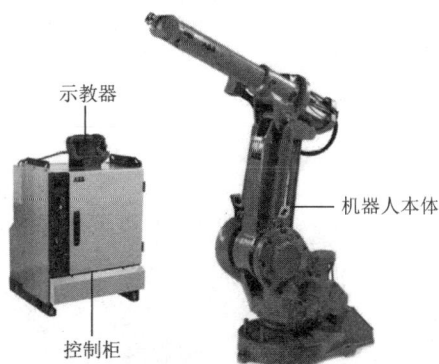

图 1-2-2　工业机器人各部分组成

1．工业机器人本体

工业机器人本体主要由机械臂、驱动系统、传动单元和内部传感器等部分组成。

机械臂，又称机械手，是用来完成各种作业的执行机构。机械臂包括基座、腰部、臂部（大臂、肘关节和小臂）和手腕部等，如图 1-2-3 所示。

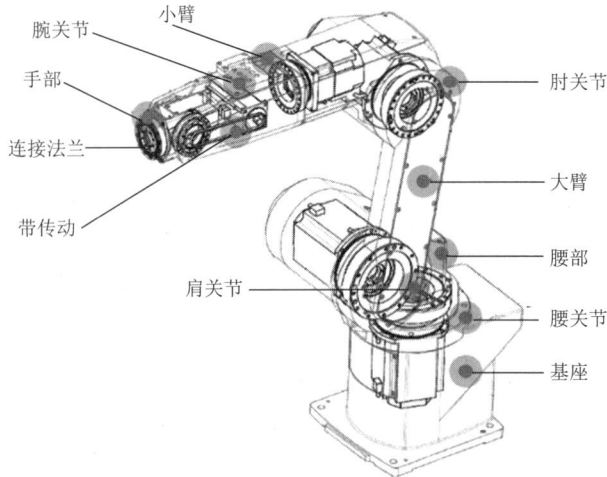

图 1-2-3　机械臂的基本组成

工业机器人传动单元包含驱动系统和机械结构系统。要使机器人运行起来，需要给各个关节，即每个运动自由度安置传动装置，这就是驱动系统。机械结构系统则是工业机器人为完成各种运动的机械部件。系统由骨骼（杆件）和连接它们的关节（运动副）构成，具有多个自由度，主要包括基座、腰部、臂部、腕部、手部等部件。

在工业机器人中配置传感器，其中位置传感器和速度传感器，是当今机器人反馈控制中不可缺少的元件。

2．控制柜

控制柜是工业机器人的大脑，主要由主计算板、轴计算板、机器人六轴驱动器、串口测量板、安全面板、电容、辅助部件及各种连接线组成。这些硬件和软件通过结合来操作机器人，并协调机器人与其他设备之间的关系。常见的 ABB 机器人控制柜分为 PMC 面板嵌入型、单机柜型、紧凑型。

本书以紧凑型控制柜为例，其面板包含按钮面板、电缆接口面板、电源接口面板三部分，如图 1-2-4 所示。

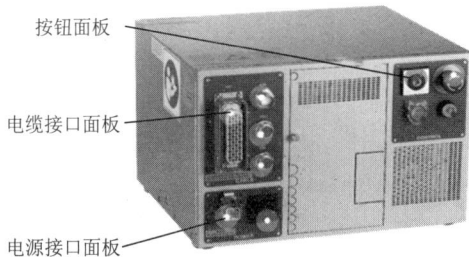

图 1-2-4　工业机器人控制柜

3. 示教器

示教器是进行机器人的手动操纵、程序编写、参数配置及监控用的手持装置，如图 1-2-5 所示。

4. 连接电缆

连接电缆是将机器人示教器、机器人本体、控制柜连接在一起所需要的电缆，如图 1-2-6 所示。

图 1-2-5 工业机器人示教器

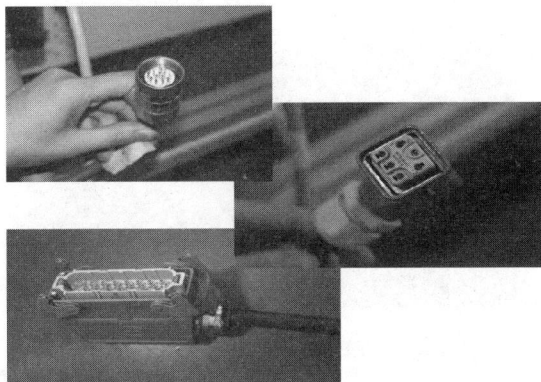

图 1-2-6 工业机器人的连接电缆

（二）怎样连接工业机器人

1. 机器人电缆连接

按照图 1-2-7 所示的 ABB IRB120 工业机器人系统接线图进行工业机器人系统的电缆连接。

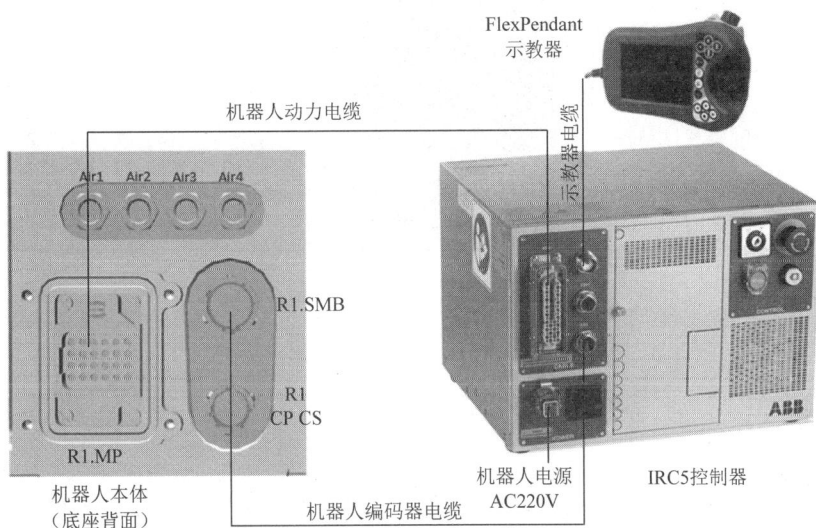

图 1-2-7 工业机器人的电缆连接

2. 机器人本体接口介绍

1）IRB120 机器人接口分布

在 IRB120 工业机器人本体基座部位分布有动力电缆接口、气路接口、编码器电缆（SMB 电缆）接口，如图 1-2-8 所示。

2）IRB120 机器人手臂电气接口

在工业机器人本体手臂部位分布有集成气源接口、集成信号接口，如图 1-2-9 所示。

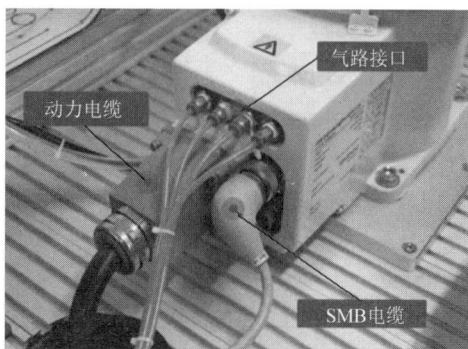

图 1-2-8　IRB120 机器人基座电气接口　　　图 1-2-9　IRB120 机器人手臂电气接口

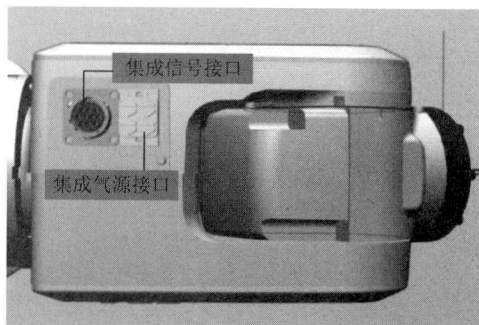

3. 控制柜接口介绍

机器人控制柜的主要接线端口包括动力电缆接口 XS1、SMB 电缆接口 XS2、电源电缆接口 XP0、示教器电缆接口 XS4，如图 1-2-10 所示。

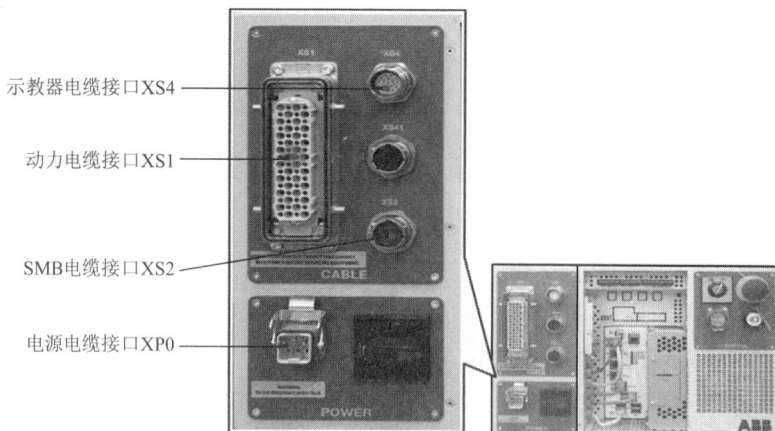

图 1-2-10　工业机器人控制柜主要接线端口

4. 电缆介绍

1）动力电缆

动力电缆（图 1-2-11）的作用是将控制柜与机器人本体连接起来，为机器人本体上的电机提供动力。

2）编码器电缆

编码器电缆（图 1-2-12）的作用是连接控制柜与机器人本体，实时监控机器人本体上的电机运动状态（转数计数器）。

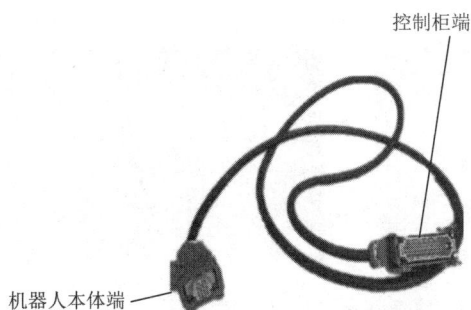

图 1-2-11　动力电缆

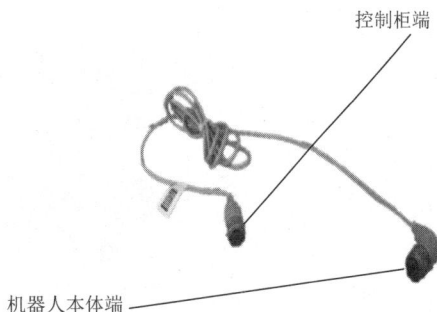

图 1-2-12　编码器电缆

3）示教器电缆

示教器电缆（图 1-2-13）的作用是连接控制柜与示教器，为示教器供电的同时完成信号与数据传输。

4）电源电缆

电源电缆（图 1-2-14）的作用是将控制柜连入电网，控制柜再为整个机器人系统供电。

图 1-2-13　示教器电缆

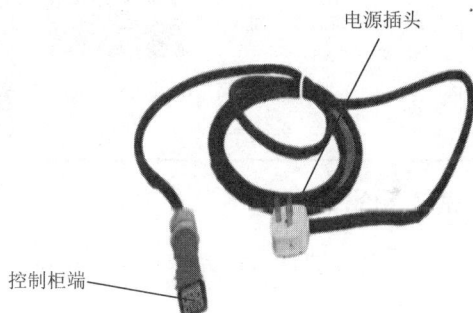

图 1-2-14　电源电缆

五、任务实施

正确连接工业机器人所用的电缆，是正确使用工业机器人的第一步。表 1-2-1 介绍了电缆连接的方法和步骤。

表 1-2-1　电缆连接的方法和步骤

序号	操作说明	示意图
1	连接电源电缆（XP0 接口）	

续表

序号	操作说明	示意图
2	将机器人动力电缆一端（R1.MP）连接至机器人本体基座接口	动力电缆（R1.MP） 动力电缆（XS1接口）
3	将机器人 SMB 电缆的一端（弯头）连接到机器人本体基座接口，另一端（直头）连接到控制柜上对应的接口（XS2）	SMB电缆（R1.SMB）
4	将示教器电缆的接头插入控制柜接口（XS4）	XS4 XS4：控制柜接入口 示教器连接接口

六、学习评价

完成任务学习后，请同学们对学习结果进行评价，并填写表 1-2-2。

表 1-2-2　任务 1.2 学习结果评价表

序号	评价内容及标准	评价结果
1	能够正确说出工业机器人的组成、控制柜和示教器的结构及安全操作方法	□合格　□不合格
2	能够正确说出工业机器人的安全操作区域	□合格　□不合格
3	能够正确连接工业机器人	□合格　□不合格

七、作业小测

1. 填空题

（1）工业机器人本体关节的个数通常即为机器人的自由度，大多数工业机器人有_____个运动自由度。

（2）控制柜_____（端口）通过_____与机器人本体连接，示教器通过_____与控制柜_____（端口）连接，示教器与机器人本体_____（能/不能）直接连接。

（3）机器人本体动力电缆一端接控制柜的_____端口，另一端接本体位于基座接口上。

2. 简答题

请列出连接工业机器人所需要的电缆名称。

3. 问答题

（1）机器人本体必须连接哪些电缆后机器人系统才能正常工作？请在图 1-2-15 中指出电缆的接口位置。

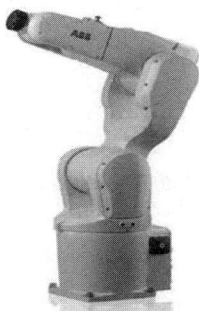

（2）指出图 1-2-16 中机器人本体的转动轴及基座。

图 1-2-15　基座背面　　　　图 1-2-16　机器人本体

4. 拓展思考

你认为机器人能怎样运动？请具体说明。

任务 1.3　安全操作工业机器人

一、任务描述

学习安全知识、熟记安全操作注意事项和正确使用示教器是真正开始操作机器人之前尤为重要的一步。任务 1.3 主要介绍操作机器人的安全注意事项。

二、学习目标

- 能够说出操作工业机器人的安全注意事项。
- 能够对操作工业机器人过程中的突发情况采取相应措施。
- 能够正确操作示教器。

三、导学框图

任务 1.3 的导学框图如图 1-3-1 所示。

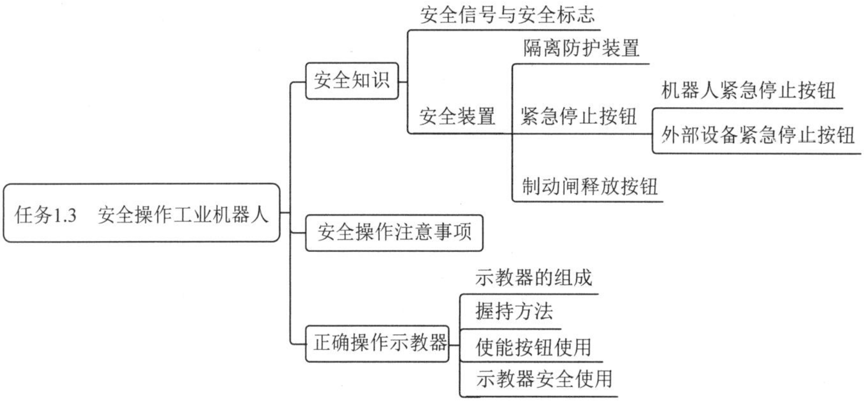

图 1-3-1　任务 1.3 导学框图

四、任务探究

（一）工业机器人的安全知识有哪些

1. 安全信号

安全信号是为了指明危险类型，通过简要描述操作及维修人员未排除险情时会出现的情况而设计出来的一组图标，如表 1-3-1 所示。

表 1-3-1　安全信号

名称	危险	警告	电击	小心	静电放电	注意	提示
标志							

表 1-3-1 中列出的安全信号可以指导操作及维修人员通过图标提示的危险等级来确定防护级别。

2. 安全标志

安全标志又称为安全标签，是单独或成组粘贴在示教器及控制柜上，包含有关该工业机器人重要信息的一组图标，如表 1-3-2 所示。

表 1-3-2　安全标志

标志	描述	标志	描述
	警告		不得拆卸

续表

标志	描述	标志	描述
	注意		旋转更大
	禁止		制动闸释放
	请参阅产品手册		拧松螺栓有倾翻风险
	在拆卸之前，请参阅产品手册		挤压

以上安全标志可以为操作及维修人员在使用设备前提供必要的操作提示。

3. 安全装置

1）隔离防护装置

隔离防护装置（图 1-3-2）是工业机器人工作时必不可少的隔离装置。它的作用是防止非工业机器人操作人员或参观人员进入工业机器人工作范围内，以免造成人员损伤或财产损失。

2）紧急停止按钮

紧急停止是一种超越其他任何操纵器控制的状态（图 1-3-3），断开驱动器电源与操纵器电机的连接，停止所有运动部件，并断开电源与操纵器系统控制的任何可能存在危险的功能性连接。

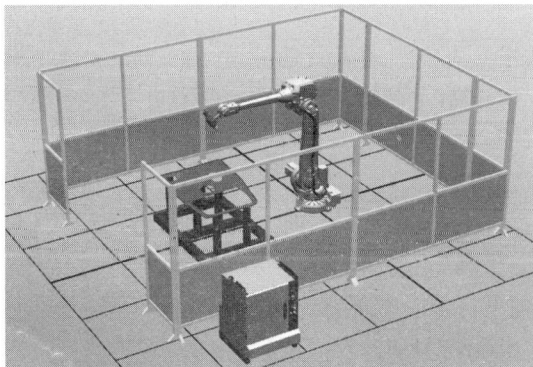

图 1-3-2　隔离防护装置

图 1-3-3　紧急停止优先级别

出现下列情况请立即按下紧急停止按钮：

（1）工业机器人运动过程中，工作区域里有人员。

（2）工业机器人运动过程中，伤害了工作人员或损坏了设备。

紧急停止按钮分为机器人紧急停止按钮（图 1-3-4）、外部设备紧急停止按钮（图 1-3-5）两类。

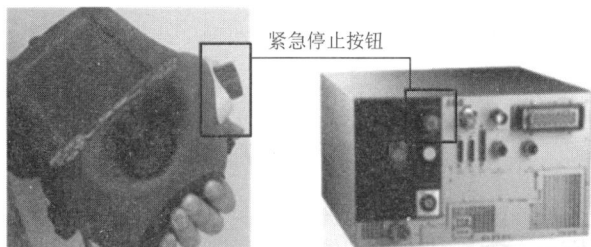

图 1-3-4　机器人紧急停止按钮　　图 1-3-5　外部设备紧急停止按钮

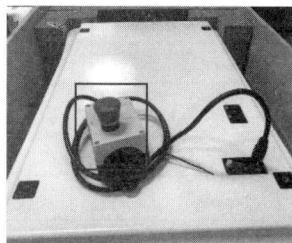

3）制动闸释放按钮

在调试工业机器人过程中，出现碰撞或者不合理的位置时工业机器人会出现抱闸现象，无法手动示教工业机器人时可以进行释放抱闸操作。

首先一名操作人员甲用双手托住机器人的主体，然后另外一名操作人员乙按住制动闸释放按钮（图 1-3-6），甲手动移动工业机器人主体，直至合适的位置乙再放开制动闸释放按钮。乙放开制动闸释放按钮后，甲双手才能离开工业机器人主体。

图 1-3-6　制动闸释放按钮

（二）安全操作注意事项有哪些

1. 手动模式下的安全操作

（1）操作速度。在手动减速模式下，工业机器人只能减速（250mm/s 或更慢速度）运行。只要在安全保护空间之内工作，就应始终以减速模式进行操作；手动全速模式下，机器人以预设速度移动。手动全速模式应仅用于所有人员都位于安全保护空间之外时，而且操作人员必须经过特殊训练，深知潜在的危险。

（2）忽略安全保护机制。在手动减速模式下操作时，将忽略自动模式停止（AS）机制。

（3）使能装置。在手动减速模式下，工业机器人的电机将由示教器上的使能按钮启动。只有按下使能按钮，才能使工业机器人运动。

（4）"止-动"功能。要在手动全速模式下运行程序，为安全起见，必须同时按住使能装置和启动按钮以启动"止-动"功能。该功能允许在手动全速模式下步进或运行程序。注意：手动操纵在任何操作模式下均无须"止-动"功能。另外，手动减速模式也可以激活"止-动"功能。

2. 自动模式下的安全操作

（1）操作速度。在自动模式下，机器人以预设的速度运行。机器人自动运行时，所有人员都应位于安全保护空间之外时，而且操作人员必须经过特殊训练，深知潜在的危险。

（2）有效安全保护机制。在自动模式下，常规模式停止（GS）机制、自动模式停止机制、上级停止（SS）机制和紧急停止（ES）机制都处于活动状态。

（3）系统链干扰。自动模式下的机器人作为生产线的一部分，一旦出现故障，会影响整个系统。例如，负责从传送带上选取组件的机器人可能会因机械故障而被撤出生产线，而传送带又必须继续运行，保证生产线的其他部分继续生产。此时，生产线人员必须随时为运行中的传送带准备备用机器人，以便替换故障机器人。

（三）如何正确操作示教器

1. 示教器的组成

工业机器人示教器的组成由如图 1-3-7 所示。

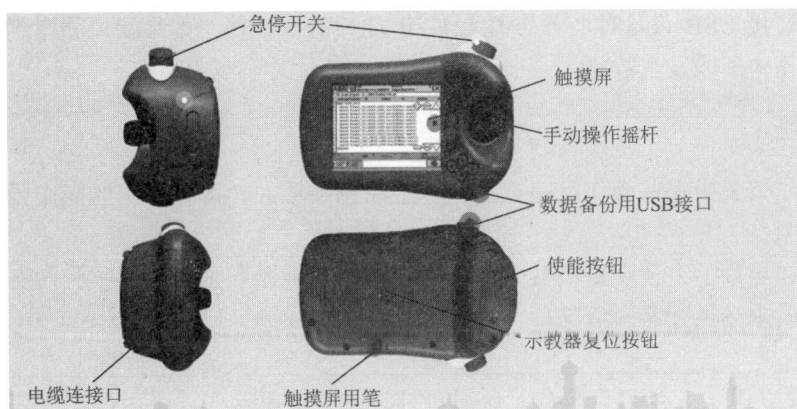

图 1-3-7　示教器组成

2. 示教器握持方法

对于习惯使用右手操作的人来说，左手握持示教器，四指按在使能按钮上，右手进行示教器操作，示教器握持方法如图 1-3-8 所示。

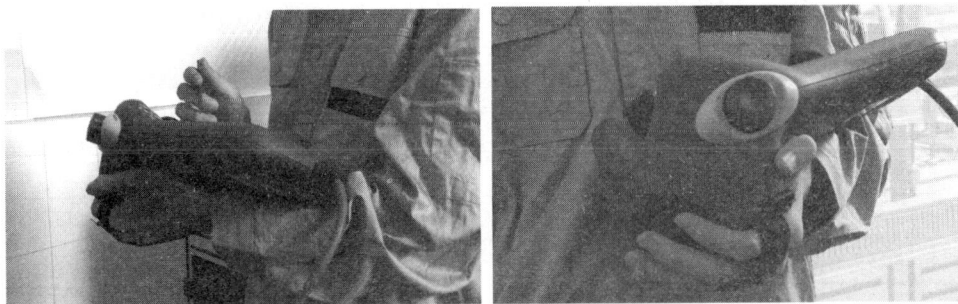

图 1-3-8　示教器握持方法

3. 使能按钮的使用

使能按钮是工业机器人为保证操作人员人身安全而设置的。只有在按下使能按钮并保持电机开启的状态下，才可对工业机器人进行手动操作与程序调试。当发生危险时，人会本能地将使能按钮松开或按紧，工业机器人会马上停下来，保证安全。

4. 示教器的安全使用

（1）小心操作。不要摔打、抛掷或重击，这样会导致设备破损或故障。在不使用该设备时，将其挂到专门存放的支架上，以防意外掉到地上。

（2）示教器的使用和存放应避免被人踩踏电缆。

（3）切勿使用锋利的物体（如螺钉、刀具或笔尖）操作触摸屏，以免造成触摸屏受损。应用手指或触控笔操作示教器触摸屏。

（4）定期清洁触摸屏。灰尘和小颗粒可能会挡住屏幕造成故障。

（5）切勿使用溶剂、洗涤剂或擦洗海绵清洁示教器，应使用软布蘸少量水或中性清洁剂清洁。

（6）未连接 USB 设备时，务必盖上 USB 端口的保护盖。如果端口暴露到灰尘中，可能会引发程序中断或发生故障。

五、任务实施

以下操作情景中哪些操作是违背操作安全注意事项的？请将正确的操作要求填写在画线处。

（1）操作员为了方便观察机器人执行的动作，在机器人正在运行时跨入安全围栏中凑近观察机器人末端执行器的情况。

_____

（2）机器人正在运行时，操作员临时离开，未暂停机器人程序运行。

_____

（3）操作员将示教器电缆随意在地面上拖动或踩踏。

_____

六、学习评价

完成任务学习后，请同学们对学习结果进行评价，并填写表 1-3-3。

表 1-3-3 任务 1.3 学习结果评价表

序号	评价内容及标准	评价结果
1	能够正确说出操作工业机器人的安全注意事项	□合格 □不合格
2	能够正确说出操作工业机器人过程中突发情况下须采取的相应措施	□合格 □不合格
3	能够正确说出操作示教器的安全注意事项	□合格 □不合格

七、作业小测

1. 选择题

（1）机器人控制柜发生火灾，必须使用的灭火方式是（　　　）。

　　A. 浇水　　　　　　B. 二氧化碳灭火器　　　C. 泡沫灭火器　　D. 沙子

（2）ABB 工业机器人的主电源开关位于（　　　）。

　　A. 机器人本体上　　B. 示教器上　　　　　　C. 控制柜上　　　D. 需要外接

（3）ABB IRB1410 型号的机器人，制动闸释放按钮可以控制（　　）个轴。

　　A. 1　　　　　　　　B. 3　　　　　　　　　　C. 4　　　　　　　D. 6

（4）控制柜紧急停止机制的英文简写是（　　　）。

　　A. GS　　　　　　　B. AS　　　　　　　　　C. SS　　　　　　D. ES

2. 填空题

（1）生产过程中得到停电通知时，要预先关闭机器人的_____及_____。

（2）在自动模式下，常规模式停止（GS）机制、_____、_____和_____都将处于活动状态。

（3）ABB 工业机器人通常外部有_____个紧急停止按钮。

3. 简答题

（1）使用工业机器人时，必须注意哪些安全事项（至少写出 7 项）？

（2）示教器是一种高品质的手持式终端，操作示教器时有哪些注意事项？

任务 1.4 ▎工业机器人的开关机及运行程序

一、任务描述

连接完成后，通过操作控制柜面板按钮启动工业机器人系统，使示教器显示开机界面，唤醒沉睡的"狮子"。任务完成后，通过操作示教器界面和控制柜按钮关闭工业机器人系统。

二、学习目标

- 能够说出工业机器人开关机的步骤和注意事项。
- 能够正确完成开机、关机及重启工业机器人的操作。
- 能够手动和自动运行工业机器人程序。

三、导学框图

任务 1.4 的导学框图如图 1-4-1 所示。

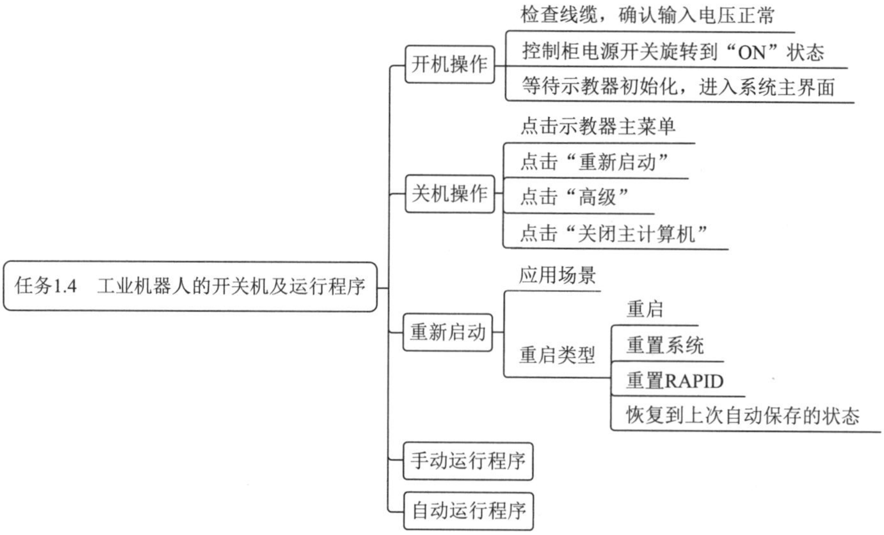

图 1-4-1 任务 1.4 导学框图

四、任务探究

（一）如何进行工业机器人的开机操作

工业机器人的开机操作步骤如表 1-4-1 所示。

表 1-4-1 工业机器人的开机操作步骤

序号	操作说明	示意图
1	检查线缆，确认输入电压正常	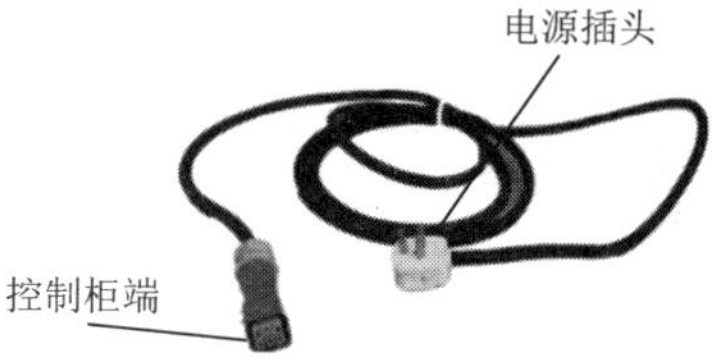
2	将控制柜上的电源开关顺时针旋转至"ON"状态	
3	等待示教器初始化进入系统主界面	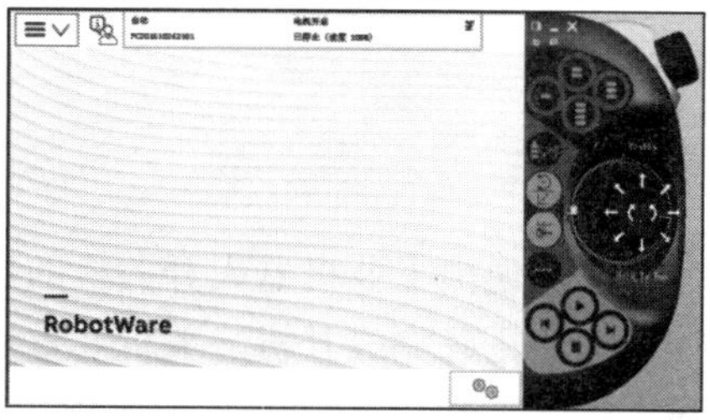

（二）如何进行工业机器人的关机操作

工业机器人的关机需要在示教器上操作，操作步骤如表 1-4-2 所示。

表 1-4-2　工业机器人的关机操作步骤

序号	操作说明	示意图
1	选择主菜单中的"重新启动"选项	
2	在打开的"重新启动"对话框中选择"高级"选项	
3	选择"关闭主计算机"单选按钮，点击"下一个"按钮	
4	点击"关闭主计算机"按钮，示教器和控制柜会进入关机状态。 注意：关机后再次开启电源前需要等待 2 分钟	

续表

序号	操作说明	示意图
5	将控制柜的电源开关逆时针旋转至"OFF"状态	电源开关

（三）如何进行工业机器人的重启操作

工业机器人的重启需要在示教器上操作，操作步骤如表1-4-3所示。

表1-4-3　工业机器人的重启操作步骤

序号	操作说明	示意图
1	选择主菜单中的"重新启动"选项	
2	在打开的"重新启动"对话框中，点击"重启"按钮，工业机器人进入重启状态。 注意事项：各类重启操作后，不能关闭电源（关机操作除外）	

（四）如何手动运行程序

在手动运行模式下，可以通过按程序调试控制按钮"上一步"和"下一步"，进行机器人程序的单步调试。对所示教编写好的程序进行单步调试确认无误后，便可以选择程序调试控制按钮"连续"，对程序进行连续调试。

在建立程序模块和所需的例行程序后，便可以进行程序的编辑了。在编辑程序的过程中，需要对编辑好的程序语句进行调试，检查是否正确，调试方法分为单步和连续。在调试过程中，需要用到程序调试控制按钮，如图 1-4-2 所示。

（1）连续：按此按钮，可以连续执行程序语句，直到程序结束。

（2）上一步：按此按钮，执行当前程序语句的上一语句，按一次往上执行一句。

（3）下一步：按此按钮，执行当前程序语句的下一语句，按一次往下执行一句。

（4）暂停：按此按钮，停止当前程序语句的执行。

手动运行程序的操作步骤如表 1-4-4 所示。

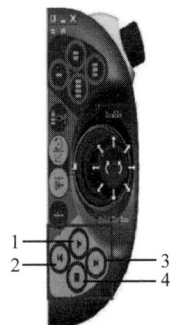

1—连续；2—上一步；
3—下一步；4—暂停。

图 1-4-2　程序调试控制按钮

表 1-4-4　手动运行程序操作步骤

序号	操作说明	示意图
1	打开调试菜单，选择"PP 移至例行程序…"选项，将程序指针指向例行程序	
2	选中需要运行的例行程序，然后点击"确定"按钮	
3	按下示教器使能按钮，按下一步按键，当程序指针（程序中的黄色箭头）与小机器人图标指向同一行时，说明机器人已到达程序所设定位置	

续表

序号	操作说明	示意图
4	观察真实环境中机器人的位置是否与用户定义的位置一致	

（五）如何自动运行程序

在手动运行状态下完成了对机器人程序的调试后，就可以将机器人投入自动运行状态。自动运行程序的操作步骤如表 1-4-5 所示。

表 1-4-5　自动运行程序操作步骤

序号	操作说明	示意图
1	将模式切换旋钮旋转至自动模式	
2	在示教器界面中，点击"确定"按钮，确认状态的切换	
3	点击"PP 移至 Main"按钮，将程序指针指向程序的第一行指令	

续表

序号	操作说明	示意图
4	点击"是"按钮	
5	按下电机上电按钮，使电机处于开启状态	
6	按下"连续"按钮，可以观察到机器人开始自动运行程序	

五、任务实施

分小组进行练习，首先在仿真软件中模拟操作，然后进行真机练习，其余组员观察正在操作的同学的步骤，指出不符合规范和错误的步骤，并写出纠正措施。

六、学习评价

完成任务学习后，请同学们对学习结果进行评价，并填写表 1-4-6。

表 1-4-6　任务 1.4 学习结果评价表

序号	评价内容及标准	评价结果
1	能够正确说出工业机器人开关机和重启的步骤和注意事项	□合格　□不合格
2	能够正确完成开机、关机及重启工业机器人的操作	□合格　□不合格
3	能够正确完成手动和自动运行工业机器人程序	□合格　□不合格

七、作业小测

1. 判断题

（1）在机器人系统开机前，应该检查电缆，确认输入电压正常。 （　　）

（2）IRC5 控制柜的电源开关旋转到平行于桌面时，系统处于开机状态。　　（　　）

（3）机器人系统上电，等待示教器触摸屏进入主界面后，才表示机器人系统开机成功。　　　　　　　　　　　　　　　　　　　　　　　　　　　　　（　　）

（4）在机器人系统关机前，应该保证机器人本体已停止动作。　　　　（　　）

（5）关机后可马上再次启动电源开关，开启机器人系统。　　　　　　（　　）

（6）在安装新的硬件后，机器人系统应重启。　　　　　　　　　　　（　　）

（7）在更改机器系统配置参数后，机器人系统应重启。　　　　　　　（　　）

（8）在出现系统故障时，机器人系统应重启。　　　　　　　　　　　（　　）

（9）关机操作的最后一步是关闭控制柜上的电源开关。　　　　　　　（　　）

（10）在工业机器人自动运行过程中，机器人不能暂停运行。　　　　（　　）

2. 简答题

请写出工业机器人自动运行程序的操作步骤和注意事项。

工业机器人做操

项目情境 ☞ 　党的二十大报告指出，"推进健康中国建设。人民健康是民族昌盛和国家强盛的重要标志。"为倡导文明健康的生活方式，学校工业机器人兴趣社团响应"全民健身月"的号召，特调试了一套机器人做操程序，准备到中小学进行科普展示。

　通过工业机器人做操项目的学习，能配置示教器环境、更新转数计数器、备份与恢复机器人系统，并学会调试程序步骤，能完整调试机器人程序，从而掌握工业机器人现场工程师基本操作，树立成为优秀的工业机器人现场工程师的信念。

任务 2.1 　配置示教器环境

一、任务描述

为筹备"全民健身月"，工业机器人兴趣社团积极开展利用工业机器人增强同学们对健身的兴趣的活动，学习配置示教器环境务求使新加入社团的同学打好基础，示教器是人与机器人交互的主要工具，配置示教器环境是学习机器人技术的重要一步，其中包括认识示教器界面、设置示教器的语言、设置示教器的时间、查看状态栏和事件日志及触摸屏校准和亮度调整。

二、学习目标

- 能够说出示教器界面的组成部分。
- 能够设置示教器的语言。
- 能够设置示教器的时间。
- 能够查看状态栏和事件日志。
- 能够进行触摸屏校准和亮度调整。

三、导学框图

任务 2.1 的导学框图如图 2-1-1 所示。

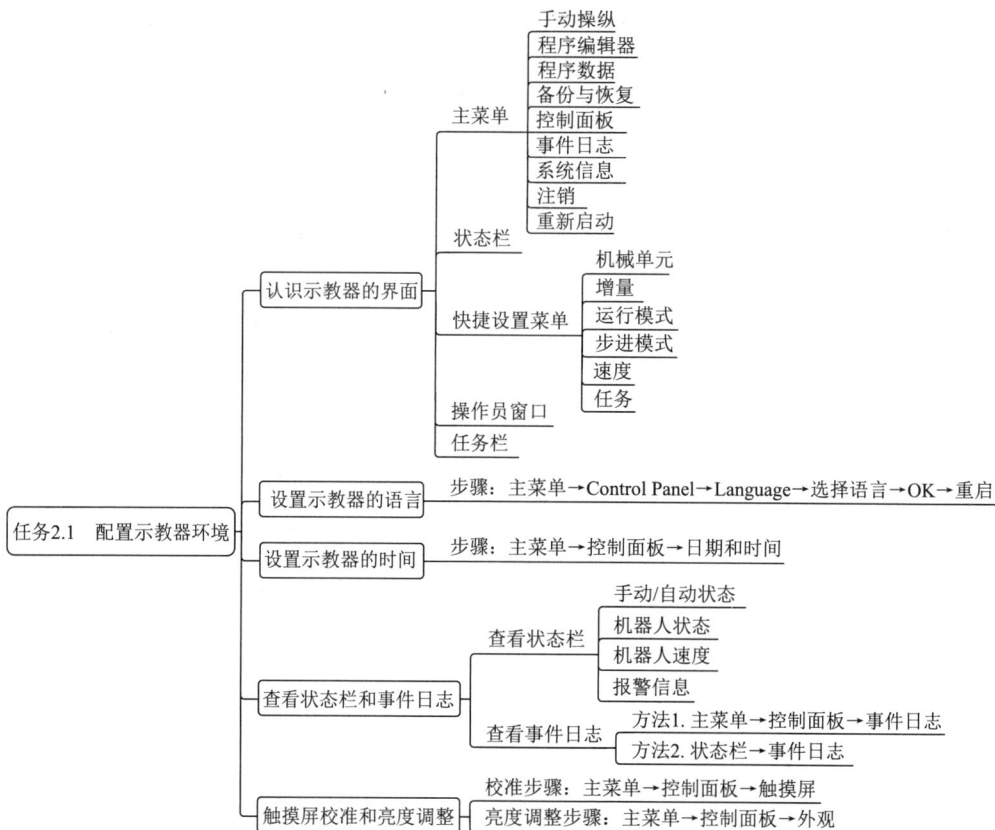

图 2-1-1 任务 2.1 导学框图

四、任务探究

（1）观察机器人示教器主界面和操作员窗口，并说出各部分的名称，如图 2-1-2 和图 2-1-3 所示。

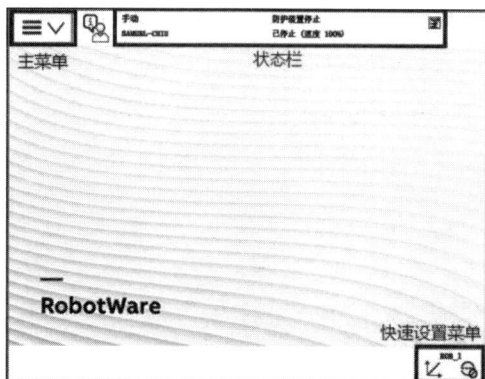

图 2-1-2 示教器主界面

图 2-1-3 操作员窗口

（2）了解机器人主界面的组成后，我们可以通过示教器的_____选择_____选项进行机器人系统的语言及时间切换和设置示教器的中英文界面如图2-1-4和图2-1-5所示。

图 2-1-4　中文界面　　　　　图 2-1-5　英文界面

（3）在操作机器人过程中，可以通过示教器画面上的状态栏查看 ABB 机器人的常用信息，通过这些信息就可以了解到机器人当前所处的状态及一些存在的问题。以下五项是可在示教器主界面状态栏查看到的机器人信息。

① 机器人的状态，会显示有手动、全速手动和自动三种状态。

② 机器人系统信息。

③ 机器人电机状态，如果使能按钮第一挡按下会显示电机开启，松开或第二挡按下会显示防护装置停止。

④ 机器人程序运行状态，显示程序的运行或停止状态。

⑤ 当前机器人或外轴的使用状态。

（4）与切换语言和设置时间类似，触摸屏校准和亮度调节同样是通过示教器的_____选择_____选项进行设置。

五、任务实施

（一）设置示教器语言

示教器出厂时，默认的显示语言为英语。为了方便操作，常把显示语言设定为中文，操作步骤如表 2-1-1 所示。

表 2-1-1　设置示教器语言

序号	操作说明	图示
1	点击示教器左上角的主菜单按钮，选择"Control Panel"选项	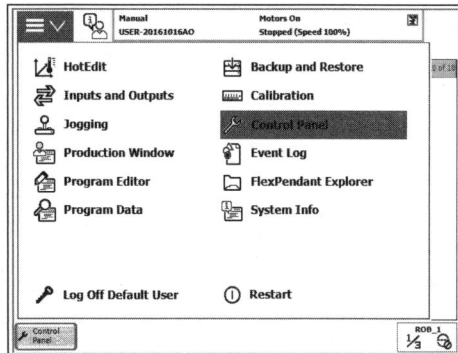

续表

序号	操作说明	图示
2	在"Control Panel"对话框中选择"Language"选项	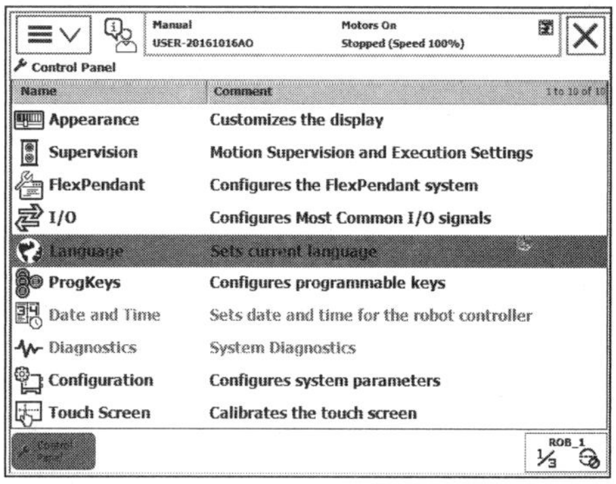
3	在弹出的语言列表中，选择"Chinese"选项，然后点击"OK"按钮	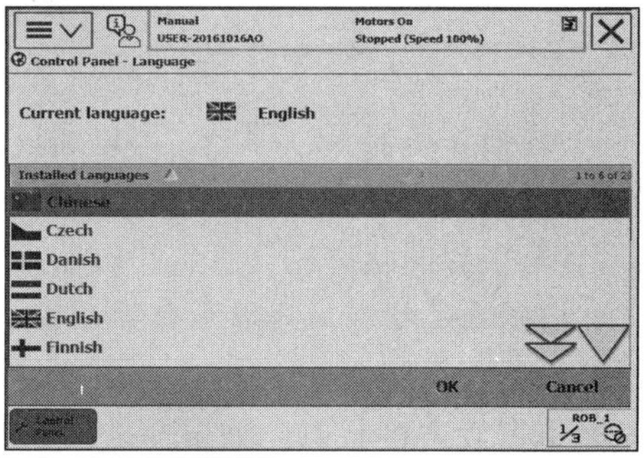
4	弹出系统重启提示对话框，点击"Yes"按钮，重启系统	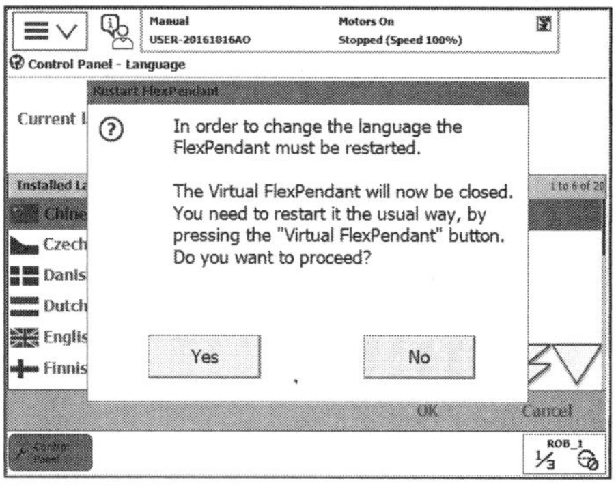
5	系统重启后，再点击示教器左上角的主菜单按钮，就能看到菜单已切换成中文界面	

（二）设置示教器时间

为了方便进行文件和故障的查阅与管理，在进行各种操作之前要将机器人系统的时间设定为本地时区的时间，操作步骤如表 2-1-2 所示。

表 2-1-2 设置示教器时间

序号	操作说明	图示
1	点击示教器左上角的主菜单按钮,选择"控制面板"选项	
2	在"控制器设置"的选项中选择"日期和时间",进行时间和日期的修改	

(三)查看状态栏和事件日志

点击示教器窗口上方的状态栏,可以了解机器人相关状态,如图 2-1-6 所示。机器人相关状态包括机器人的状态(手动、全速手动、自动)、机器人电机状态、机器人程序运行状态、机器人系统信息和机器人或外轴的使用状态。

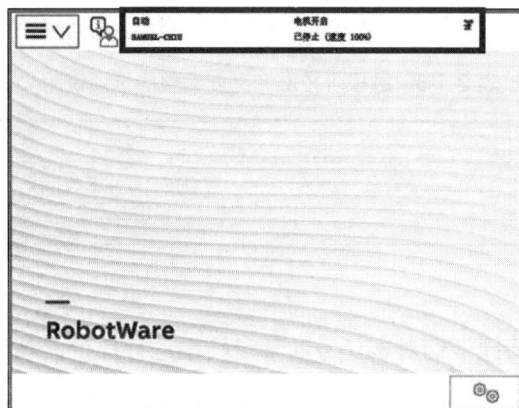

图 2-1-6 查看状态栏

机器人常用信息和日志的查询有两种方式,除上述直接点击窗口上方的状态栏查看机器人的事件日志外,另一种是点击主菜单的事件日志进行查看,如图 2-1-7 和图 2-1-8 所示。

图 2-1-7　查看事件日志

图 2-1-8　事件日志清单

（四）触摸屏校准和亮度调整

示教器的常用设置主要在主菜单的控制面板选项，包括外观、监控、语言、日期和时间、配置等，如图 2-1-9 和图 2-1-10 所示。

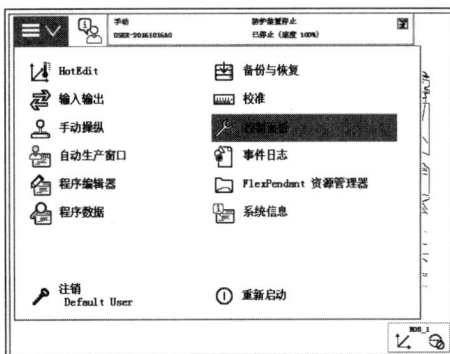

图 2-1-9　主菜单的"控制面板"选项

图 2-1-10　"控制面板"窗口

触摸屏校准和亮度调整的选项说明如表 2-1-3 所示。

表 2-1-3　触摸屏校准和亮度调整的选项说明

选项名称	说明
外观	可自定义显示器的亮度
触摸屏	触摸屏重新校准

六、学习评价

任务学习完成后，请同学们对本任务的学习结果进行评价，填写表 2-1-4。

表 2-1-4　任务 2.1 学习结果评价表

序号	评价内容及标准	评价结果
1	能够将示教器的语言切换为中文	□合格　□不合格
2	能够设置示教器的时间	□合格　□不合格
3	能够查看状态栏，用两种方法查看事件日志	□合格　□不合格

七、作业小测

1. 判断题

（1）示教器包含带人机交互界面、用于参数设置及编程操作的触摸屏。　　（　　）

（2）ABB IRC5 示教器默认手持姿势是采用右手端握、左手操作的方式完成。

　　（　　）

（3）ABB IRC5 示教器在更改显示语言后，机器人系统需要重启后才可生效。　（　　）

（4）按日常维护规程，ABB IRC5 示教器在使用之前，应该查看机器人系统的时间是否为本地时区时间。　　（　　）

（5）如果需要查看机器人系统常用信息与事件日志清单，只需点击 ABB IRC5 示教器触摸屏上的信息栏。　　（　　）

（6）ABB 机器人的模式选择可在示教器上操作。　　（　　）

（7）ABB 机器人示教器的屏幕亮度在主菜单的控制面板中设置。　　（　　）

2. 选择题

（1）如果 ABB IRC5 示教器的信息栏中机器人显示电机处于开启状态，那么示教器的使能器处于（　　）状态。

　　A. 第一挡按下　　B. 第二挡按下　　C. 第三挡按下　　　　　D. 松开

（2）下列不属于 ABB IRC5 示教器组件的是（　　）。

　　A. 操纵杆　　　　B. 绑绳　　　　　C. 压片　　　　　　　　D. 显示屏

（3）机器人常用信息和日志的查询有（　　）种方式。

　　A. 一　　　　　　B. 三　　　　　　C. 四　　　　　　　　　D. 五

（4）ABB 机器人示教器触摸屏校准功能在主菜单的（　　）中操作。

　　A. 校准　　　　　B. 控制面板　　　C. 手动操纵　　　　　　D. 输入

（5）ABB 机器人的状态/模式有（　　）。

　　A. 手动　　　　　B. 自动　　　　　C. 手动全速　　　　　　D. 以上都是

3. 拓展任务

请更换示教器主界面的背景图（自定义）并转换成适合右手握持的屏幕方向，写下主要操作步骤。

任务 2.2　　更新转数计数器

一、任务描述

"全民健身月"活动正在紧张筹备中，学校特购置一批新机器人。新机器人需要更新转数计数器方可使用。任务 2.2 主要介绍如何为机器人更新转数计数器，包括单轴操纵机器人的操作、更新转数计数器的原因及适用场合、更新转数计数器操作。

二、学习目标

- 能够说出单轴操纵机器人的含义及使用场合。
- 能够以三种方式切换操纵机器人轴 1-3、轴 4-6。
- 能够熟练地查看各轴正方向及控制机器人轴运动速度。
- 能够说出更新转数计数器的原因及适用场合。
- 会进行工业机器人的转数计数器更新操作。

三、导学框图

任务 2.2 的导学框图如图 2-2-1 所示。

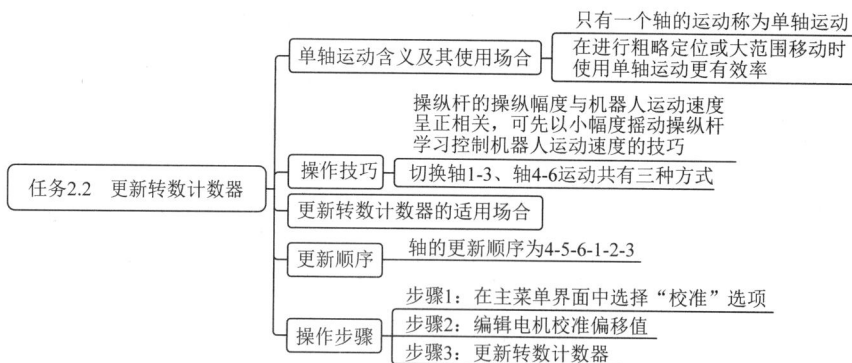

图 2-2-1   任务 2.2 导学框图

四、任务探究

（1）何谓机器人单轴运动？只有_____的运动叫单轴运动。

我们可以用示教器对机器人进行单轴运动，共有三种方式进行，分别是快捷键、快捷菜单和_____。操纵机器人时，操纵杆的操纵幅度要控制好，它的幅度与机器人的_____呈正比例关系，机器人各部分不能对其撞机。

（2）试实现切换单轴运动的三种方式。

提示：①快速设置菜单；②示教器快捷键。

（3）工业机器人的转数计数器是什么？

（4）在哪种情况下，工业机器人需要进行转数计数器的更新操作？

（5）如发生上述情况却不对机器人转数计数器进行更新操作，会出现什么问题？

（6）更新转数计数器需要先将机器人的轴按照 4-5-6-1-2-3 顺序回到刻度位置，为什么需要按照这种顺序更新？

五、任务实施

（一）轴 1-3、轴 4-6 单轴运动

手动操纵机器人主要是通过操作示教器的操作杆实现。

我们可以将机器人的操纵杆比作汽车的油门，操纵杆的操纵幅度与机器人的运动速度呈正相关，故当操纵幅度较小时，机器人运动速度较慢；当操纵幅度较大时，机器人运动速度较快。因此在操作时，应尽量以小幅度操纵使机器人慢慢运动，逐步掌握控制机器人运动速度的技巧。

一般地，ABB 机器人是六个伺服电机分别驱动机器人的六个关节轴。六轴机器人 1～6 轴对应的关节示意图如图 2-2-2 所示。

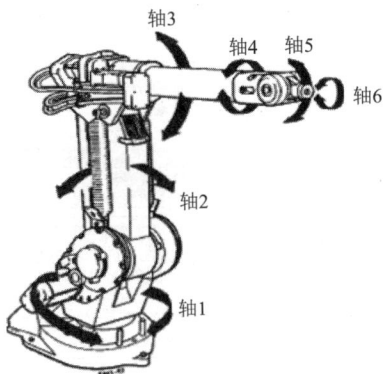

图 2-2-2　机器人各轴图示

只有一个轴的运动或每次手动操纵一个关节轴的运动，称为单轴运动。单轴运动在进行粗略的定位和比较大幅度的移动时，相比其他的手动操纵模式会方便快捷很多。工业机器人单轴运动操作步骤如表 2-2-1 所示。

表 2-2-1　工业机器人单轴运动操作步骤

序号	操作说明	图示
1	接通电源后，将机器人状态钥匙切换到手动模式	
2	查看状态栏，确定机器人的状态已切换为手动状态，点击主菜单按钮，选择"手动操纵"选项	

序号	操作说明	图示
3	选择"动作模式"选项	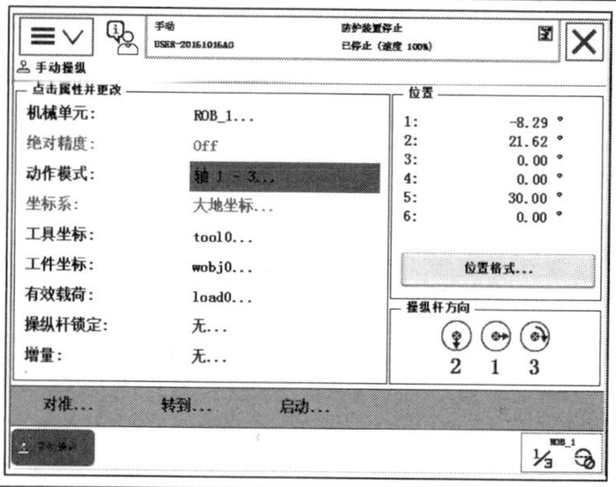
4	选择"轴1-3"选项，然后点击"确定"按钮	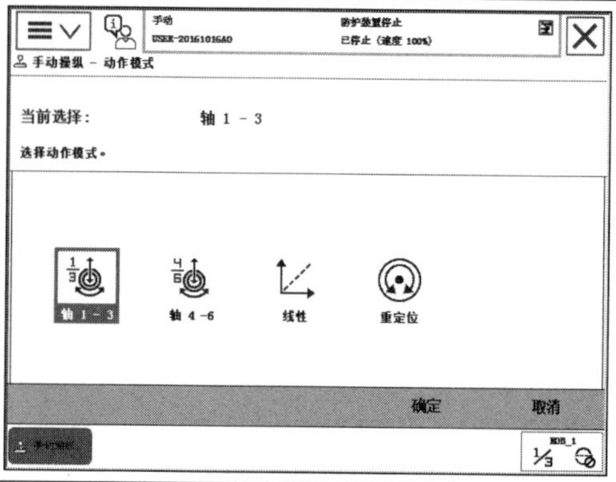
5	用左手按下使能按钮，进入"电机开启"状态，如右下角的操纵杆方向所示操纵杆，机器人的1、2、3轴就会运动，操纵杆的操纵幅度越大，机器人的运动速度越快。其中，操纵杆方向栏的箭头和数字代表各个轴运动时的正方向	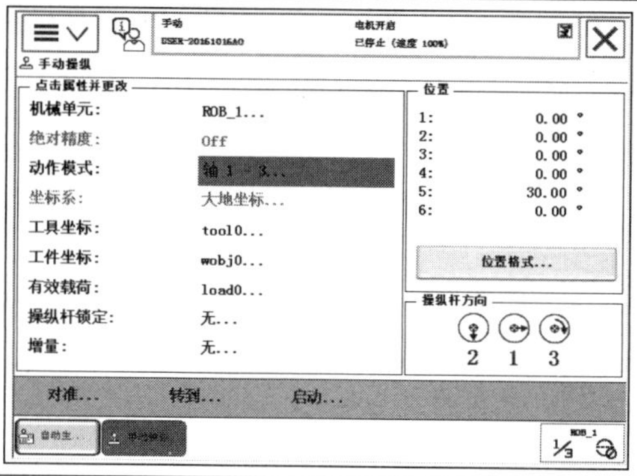
6	用同样的方法，选择"轴4-6"选项，操纵杆，机器人的4、5、6轴就会运动。其中，操纵杆方向栏的箭头和数字代表各个轴运动时的正方向	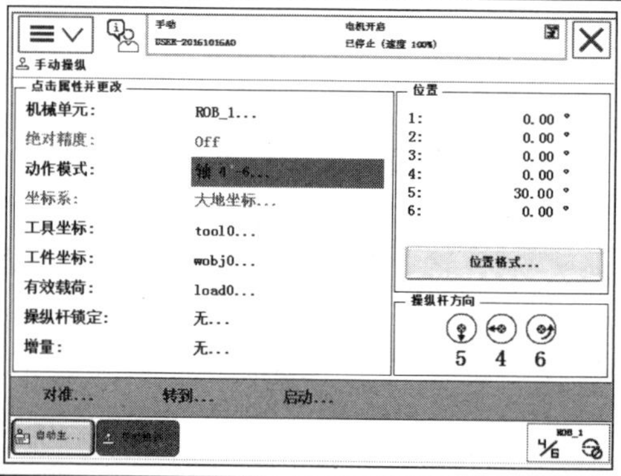

（二）更新转数计数器

ABB 工业机器人的六个关节轴都有一个机械原点的位置，更新转数计数器就是使六个轴分别回到机械原点。

使用手动操纵选择对应的轴动作模式，"轴 4-6"和"轴 1-3"，按照顺序依次将工业机器人六个轴转动到机械原点刻度位置，各关节轴运动的顺序为轴 4-5-6-1-2-3，如图 2-2-3 所示。更新转数计数器的操作步骤如表 2-2-2 所示。

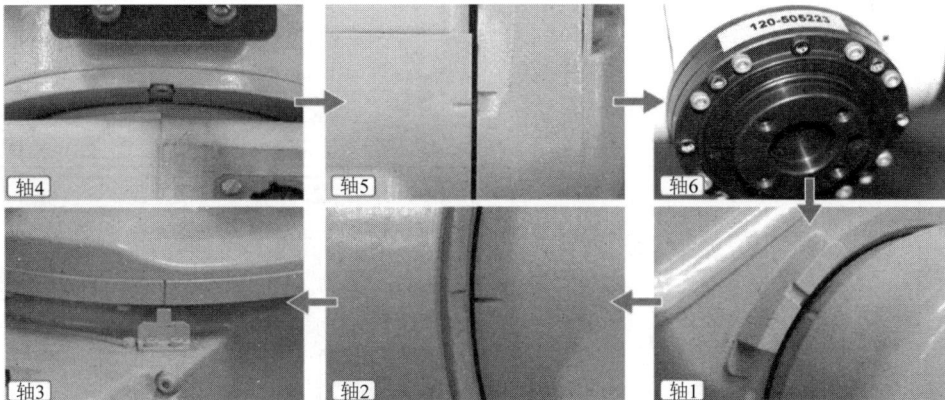

图 2-2-3 各轴顺序及刻度示意图

表 2-2-2 更新转数计数器的操作步骤

序号	操作说明	图示
1	手动操纵工业机器人，使其六个轴以 4-5-6-1-2-3 的顺序先后回到机械原点；点击左上角的主菜单按钮；选择"校准"选项	
2	选择"ROB_1"选项	

序号	操作说明	图示
3	点击"手动方法（高级）"	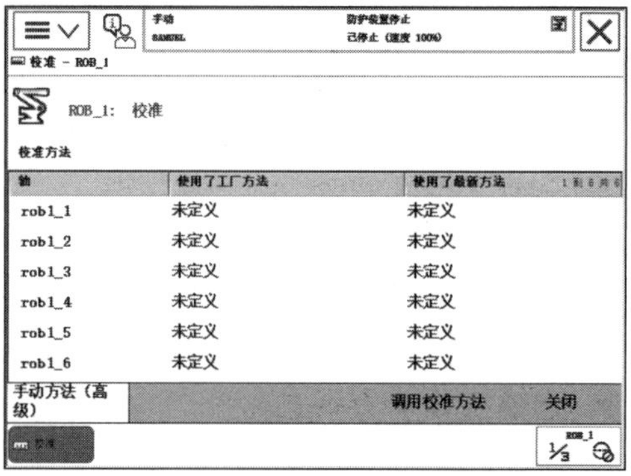
4	选择"校准参数"选项卡，再选择"编辑电机校准偏移"选项	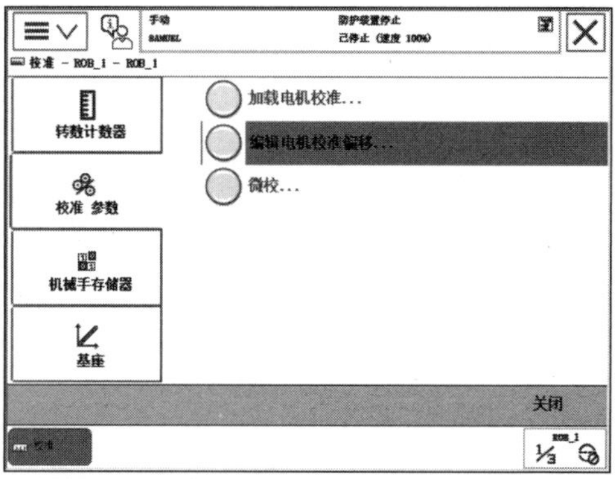
5	在弹出的"警告"对话框中，点击"是"按钮	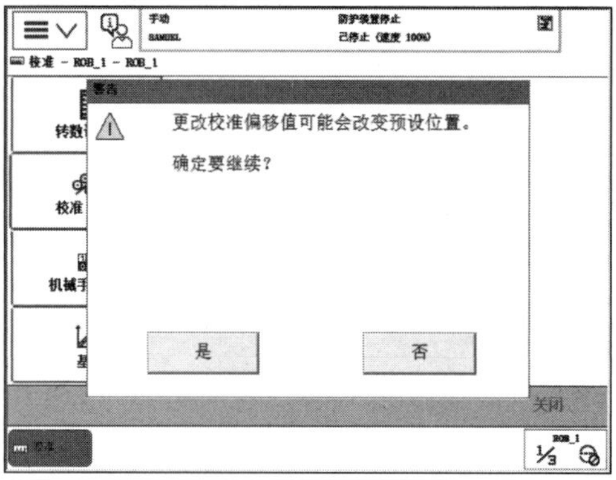
6	将机器人本体上电机校准偏移数据记录下来	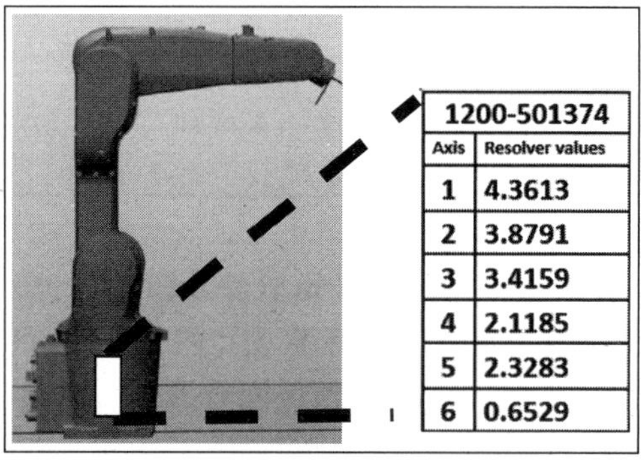

续表

序号	操作说明	图示
7	对照电机校准偏移数据，分别输入各轴的偏移值；六个轴偏移值全部更改完毕后，点击"确定"按钮	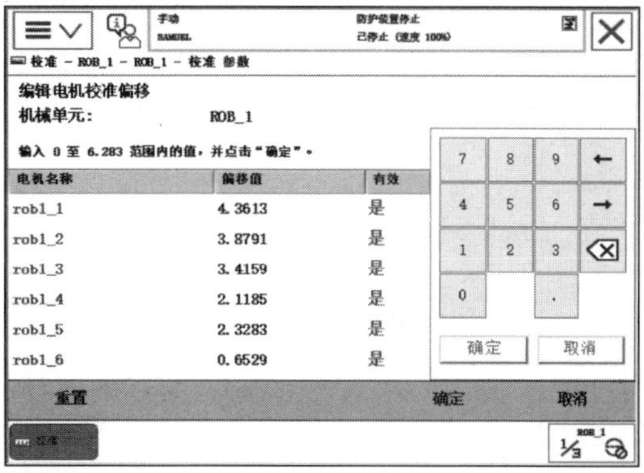
8	在弹出的"系统"对话框中，点击"是"按钮	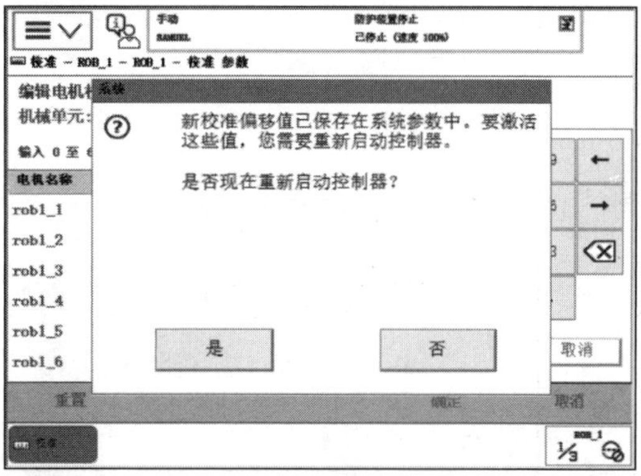
9	重启后，再次选择主菜单的"校准"选项	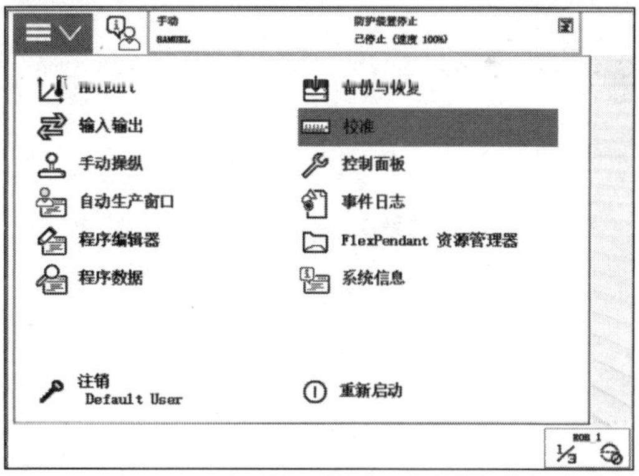
10	选择"ROB_1"选项	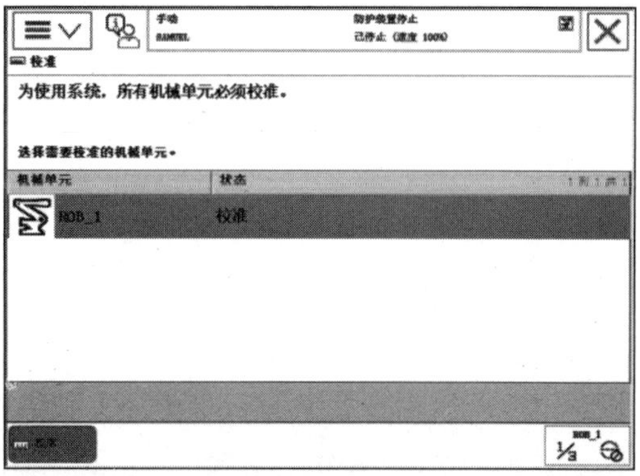

续表

序号	操作说明	图示
11	点击"手动方法（高级）"	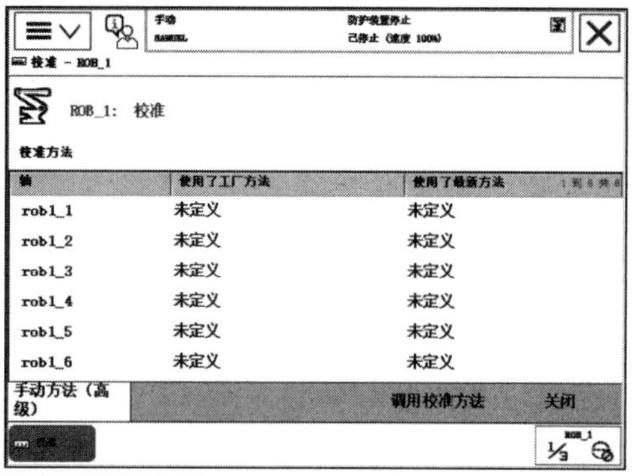
12	选择"转数计数器"选项卡，再选择"更新转数计数器"选项	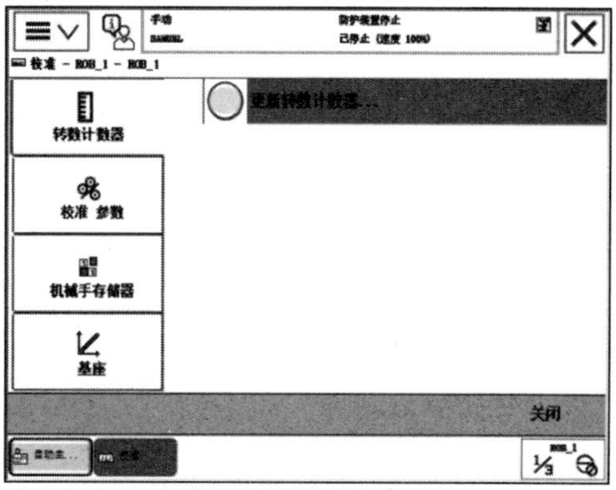
13	在弹出的"警告"对话框中，点击"是"按钮	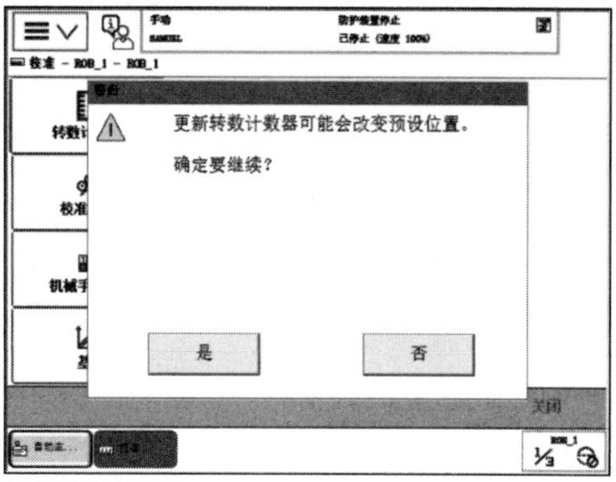
14	点击"确定"按钮	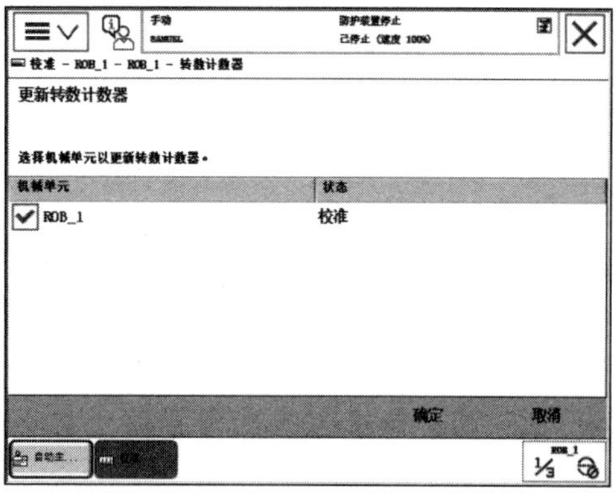

续表

序号	操作说明	图示
15	先点击"全选"按钮,再点击"更新"按钮	

注意：如果工业机器人由于安装位置的关系，无法六个轴同时到达机械原点刻度位置，可以逐一对关节轴进行转数计数器更新。

六、学习评价

完成任务学习后，请同学们对学习结果进行评价，并填写表 2-2-3。

表 2-2-3　任务 2.2 学习结果评价表

序号	评价内容及标准	评价结果
1	能够熟练操纵机器人各轴运动	□合格　□不合格
2	能够实施三种切换机器人单轴运动的方法	□合格　□不合格
3	能够查看各轴运动的正方向	□合格　□不合格
4	能够按顺序将各轴调至机械原点位置	□合格　□小合格
5	能够更新转数计数器	□合格　□不合格

七、作业小测

1. 判断题

（1）在关节运动时，使用机器人操纵杆最多同时可以让两个轴一起运动。　　（　　）

（2）在手动操纵时，操纵杆的操纵幅度是与机器人的运动速度呈正相关的。　　（　　）

（3）每台机器人都有自己的电机校准偏移数据。　　（　　）

（4）转数计数器更新时，必须同时对六个轴进行更新。　　（　　）

（5）每次开机或重启机器人系统都需要进行转数计数器更新。　　（　　）

（6）更换机器人内部电池后，无须再进行转数计数器更新操作。　　（　　）

（7）转数计数器更新前，须对电机进行校准。　　（　　）

（8）不同型号的机器人机械原点刻度的位置都是一样的。　　（　　）

（9）在校准过程中，若示教器中显示的数值与机器人本体上的标签数值一致，则无须校准。　　（　　）

（10）转数计数器更新后需要重启示教器。　　（　　）

2. 选择题

（1）机器人运动速度的单位是（   ）。

  A. cm/min   B. mm/sec   C. in/sec   D. mm/min

（2）机器人在（   ）状态下不能进行手动操纵。

  A. 自动模式 B. 手动限速 C. 手动全速 D. A 和 C

（3）手动操纵模式切换有（   ）个窗口。

  A. 1   B. 2   C. 3   D. 4

（4）轴 1-3 运动模式下，操纵杆左右运动将控制（   ）。

  A. 轴 1   B. 轴 2   C. 轴 3   D. 机器人左右移动

（5）轴 4-6 运动模式下，操纵杆旋转运动将控制（   ）。

  A. 轴 4   B. 轴 5   C. 轴 6   D. 机器人上下移动

（6）转数计数器未更新有可能引起（   ）。

  A. 回原点位置错误   B. 不能单轴运动

  C. 不能编程   D. 不能示教点

（7）电机校准偏移数据在（   ）。

  A. 机器人本体上 B. 控制柜上 C. 随机光盘里 D. 示教器背面

（8）在示教器的（   ）窗口可以查看当前机器人的电机偏移参数。

  A. 校准   B. 资源管理器 C. 系统信息 D. 控制面板

（9）在 ABB 机器人更新转数计数器时，调整各轴到机械原点的更新顺序是（   ）。

  A. 1-2-3-4-5-6 B. 6-5-4-3-2-1 C. 3-2-1-6-5-4 D. 4-5-6-1-2-3

（10）校准机器人原点位置时，使用（   ）动作模式操作机器人合适。

  A. 重定位运动 B. 线性运动 C. 单轴运动 D. 以上都可以

3. 拓展任务

更新转数计数器可以类比为我们日常生活中的什么操作？请简述之。

任务 2.3   备份与恢复机器人系统

一、任务描述

  在为学校新购置的机器人更新完转数计数器后，工业机器人社团的同学还需要备份其系统方便日后调试使用，并学习恢复机器人系统，养成使用机器人的良好习惯。本任务的学习内容包括了解机器人系统备份恢复的原因及适用场合，掌握备份、恢复机器人系统，以及加载机器人程序和导入配置文件的操作方法。

二、学习目标

- 能够备份和恢复机器人系统。
- 能够加载程序和导入配置文件。

三、导学框图

任务 2.3 的导学框图如图 2-3-1 所示。

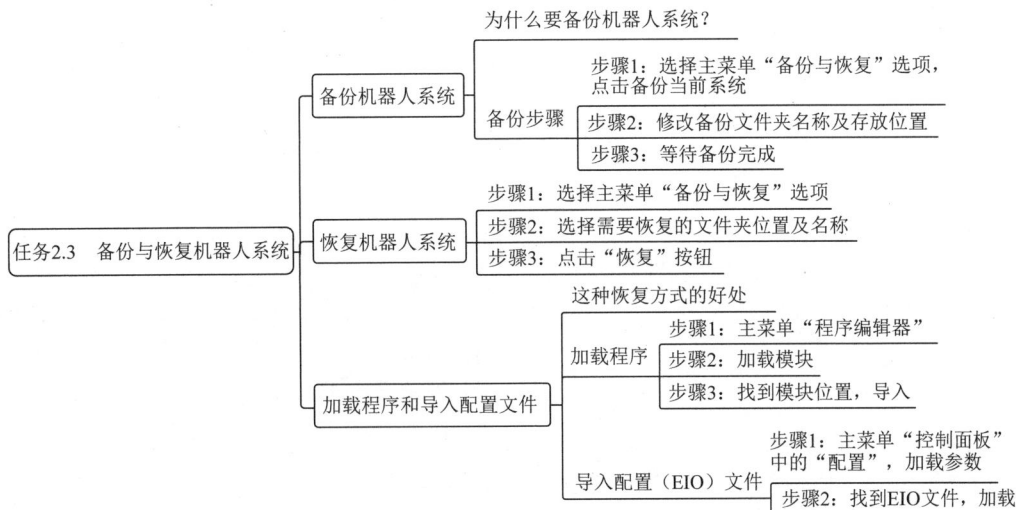

图 2-3-1　任务 2.3 导学框图

四、任务探究

（1）为什么要定期备份机器人系统？

（2）能不能将一台机器人的系统备份到另一台机器人中？如果不能，有什么方法能将程序及其他设置复制到另一台机器人中？

五、任务实施

（一）备份与恢复机器人系统

机器人系统备份与恢复的操作步骤如表 2-3-1 和表 2-3-2 所示。

表 2-3-1　机器人系统备份操作步骤

序号	操作说明	图示
1	点击主菜单按钮，选择"备份与恢复"选项	

续表

序号	操作说明	图示
2	点击"备份当前系统"按钮	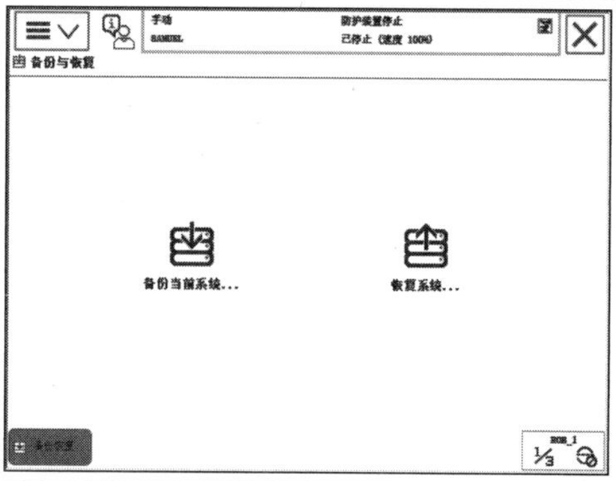
3	在打开的"备份当前系统"对话框中，点击"ABC"按钮，进行存放备份数据目录名称的设定，点击"…"按钮选择备份存放的位置（机器人硬盘或 USB 存储设备）	
4	可按右图进行备份文件夹命名及备份路径设置，点击"备份"按钮开始备份操作	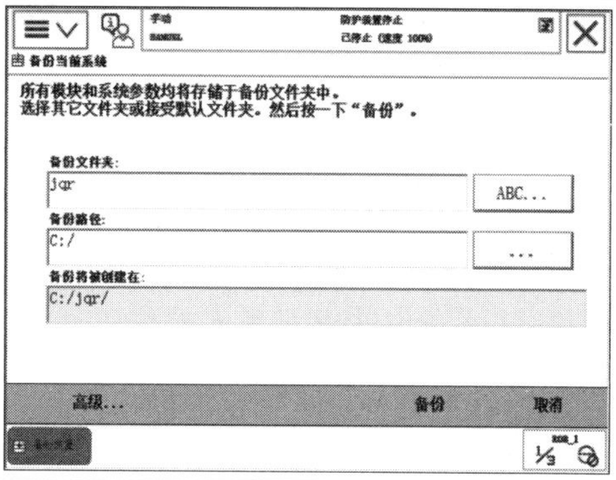
5	等待备份完成	

表 2-3-2 机器人系统恢复操作步骤

序号	操作说明	图示
1	点击主菜单按钮，选择"备份与恢复"选项	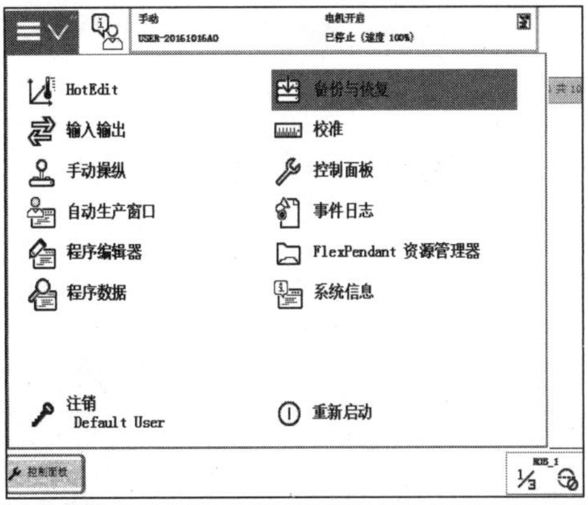
2	在打开的"备份与恢复"对话框中，点击"恢复系统"按钮，进行恢复备份操作	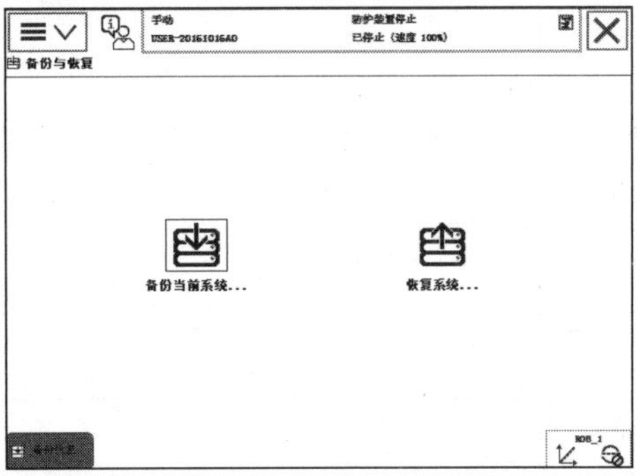
3	在"恢复系统"对话框中，点击"…"按钮，选择备份存放的文件夹	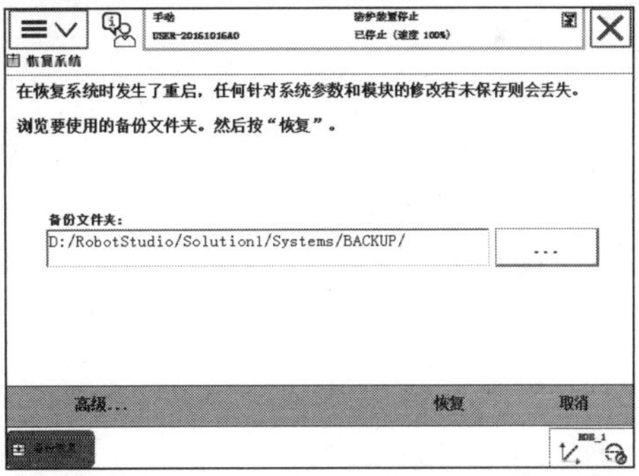
4	在"选择文件夹"对话框中，选择要恢复的数据或程序名	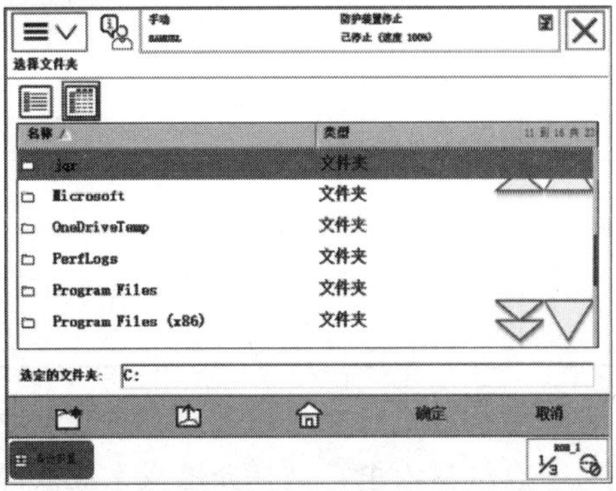

续表

序号	操作说明	图示
5	可按此前备份路径进行恢复，选定后点击"确定"按钮	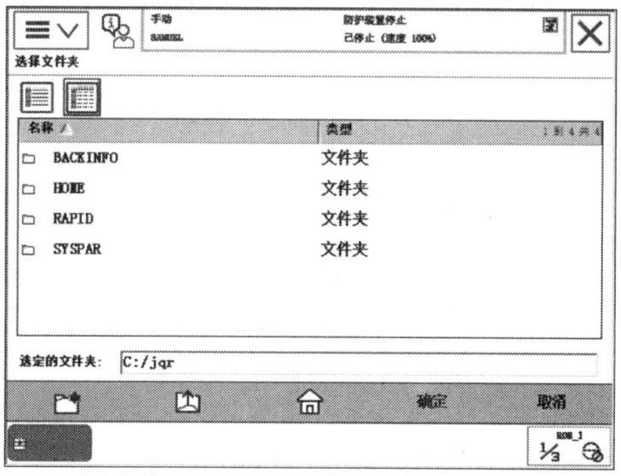
6	点击"恢复"按钮	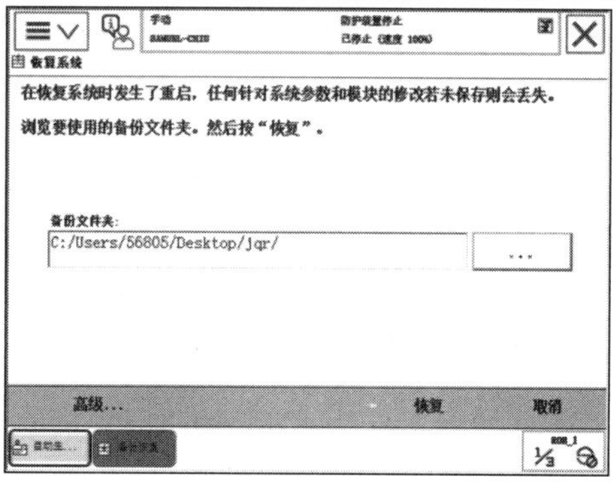
7	在弹出的"恢复"对话框中，点击"是"按钮，进行数据恢复	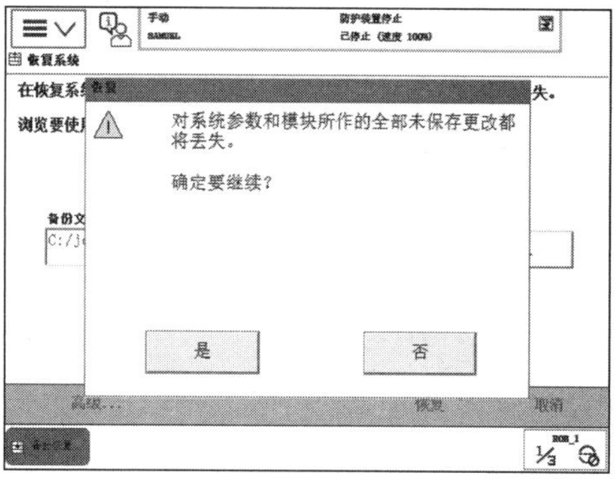
8	等待系统恢复完成	

注意： 在进行数据恢复时，备份数据是具有唯一性的，不能将一台机器人的备份恢复到另一台机器人中，这样会造成系统故障。但是，也常将程序和 I/O 端口定义为通用的，方便在批量生产中使用时。用户可以通过分别加载程序和导入配置（EIO，即机器人的外

部 IO 配置文件）文件来解决实际需要。

（二）加载程序和导入配置文件

加载程序和导入配置文件的操作步骤如表 2-3-3 和表 2-3-4 所示。

表 2-3-3 加载程序的操作步骤

序号	操作说明	图示
1	在主菜单中选择"程序编辑器"选项	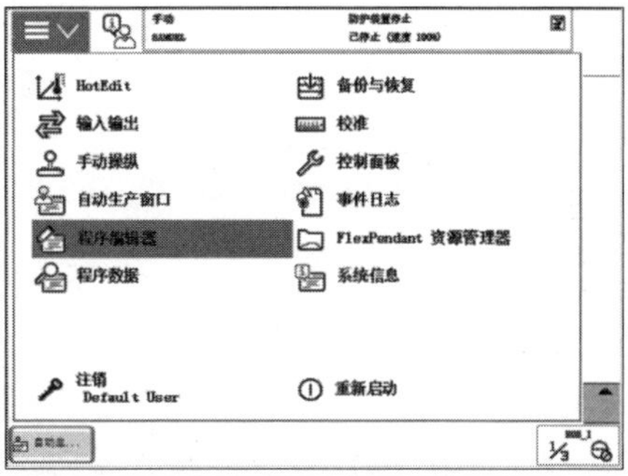
2	打开程序编辑器后，若示教器中没有程序，会弹出右图所示的提示对话框，点击"取消"按钮	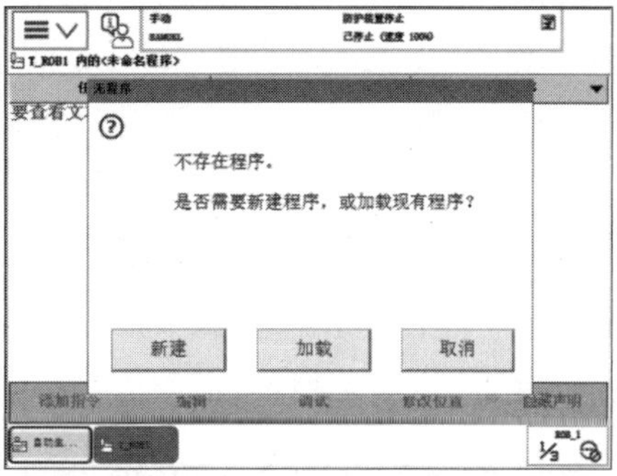
3	显示模块界面	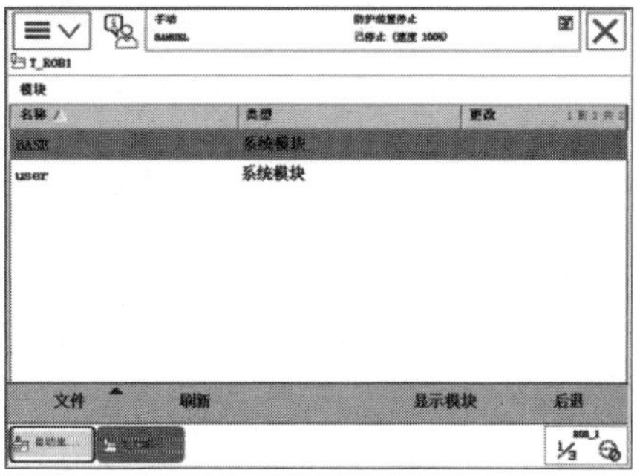
4	若示教器存有程序，则点击"模块"按钮	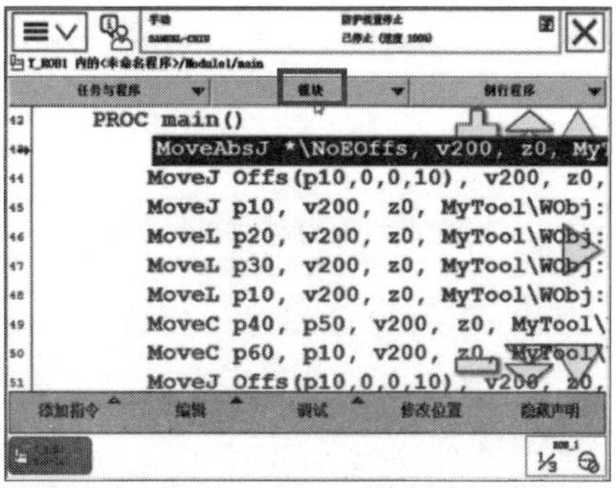

续表

序号	操作说明	图示
5	在模块界面中点击左下角的"文件"按钮，在弹出的快捷菜单中选择"加载模块"选项	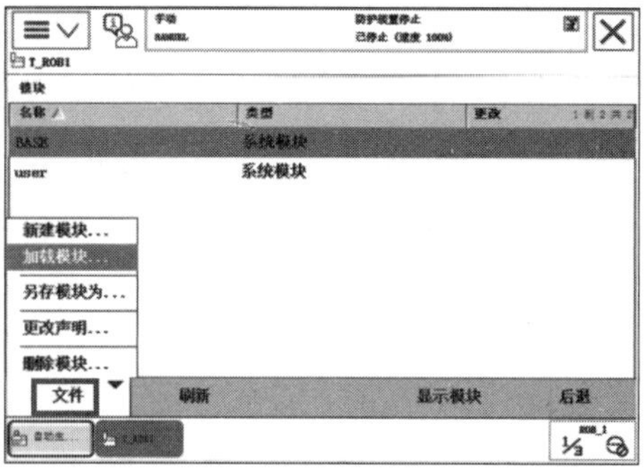
6	在弹出的"模块"对话框中点击"是"按钮	
7	在文件列表中找到并选中程序模块，再点击"确定"按钮，将程序加载到机器人系统中	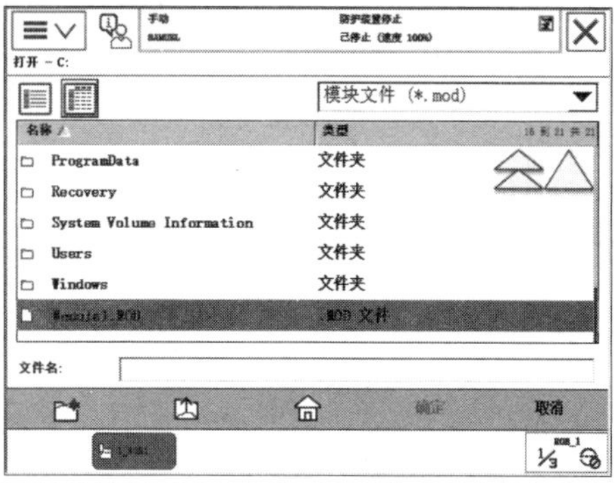

表 2-3-4 导入配置文件的操作步骤

序号	操作说明	图示
1	在主菜单中选择"控制面板"选项	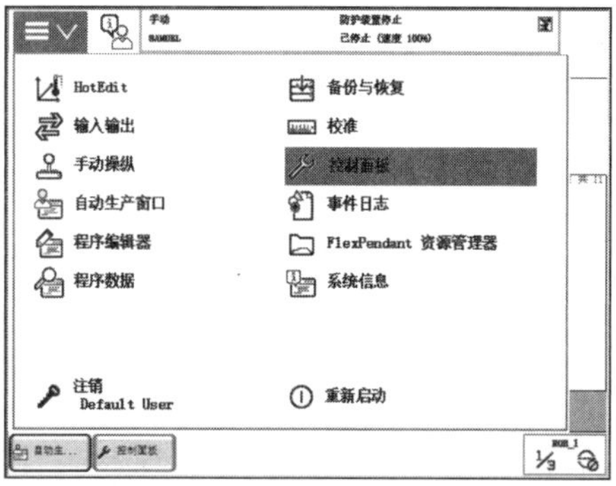

续表

序号	操作说明	图示
2	在"控制面板"界面中选择"配置"选项	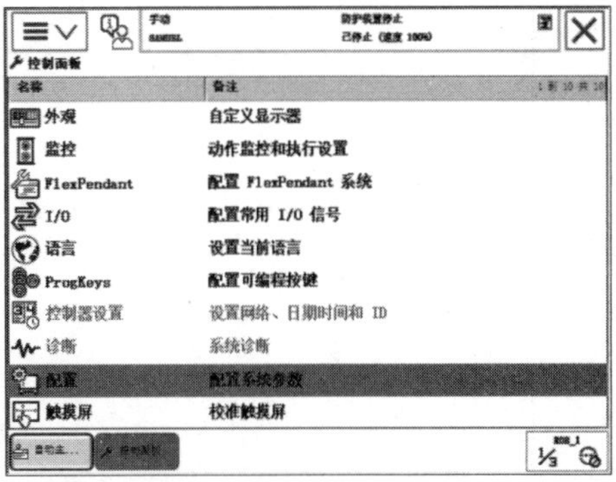
3	点击左下方的"文件"按钮,在弹出的快捷菜单中选择"加载参数"选项	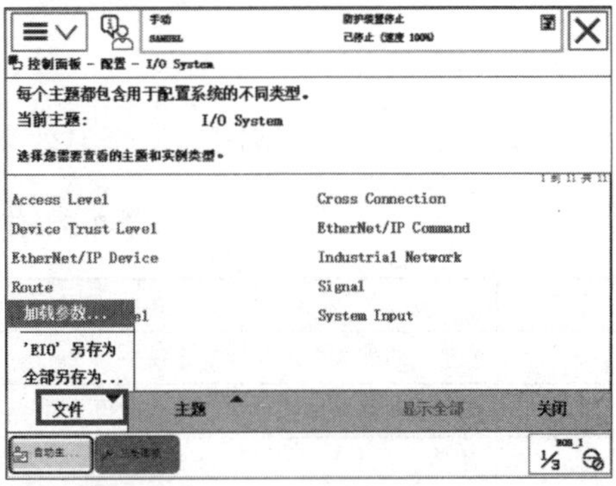
4	在打开的界面中,选中"加载参数并替换副本"单选按钮,再点击"加载"按钮	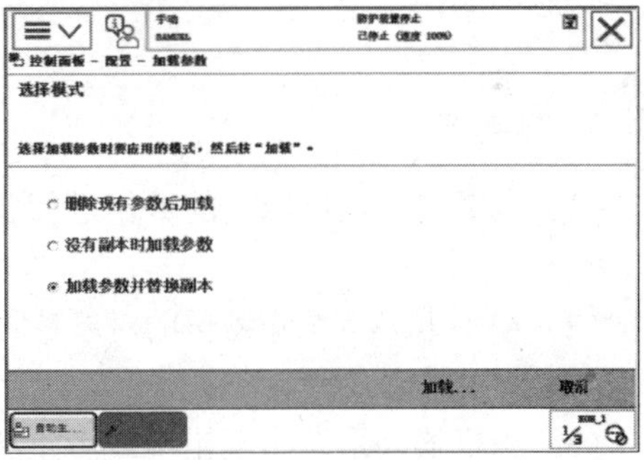
5	在文件列表中找到并选中 EIO 文件,再点击"确定"按钮	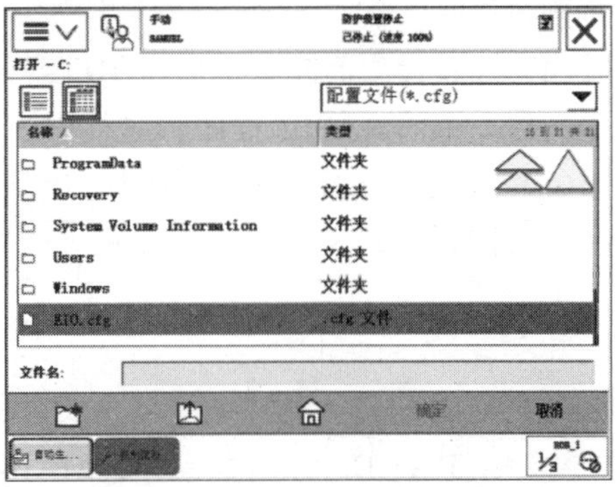

续表

序号	操作说明	图示
6	在弹出的"重新启动"对话框中，点击"是"按钮，重启生效	

六、学习评价

完成任务学习后，请同学们学习效果进行评价，并填写表 2-3-5。

表 2-3-5　任务 2.3 学习结果评价表

序号	评价内容及标准	评价结果
1	能够为机器人备份与恢复系统	□合格　□不合格
2	能够为机器人加载程序和导入配置文件	□合格　□不合格

七、作业小测

1. 判断题

（1）定期对工业机器人的数据进行备份，是保证机器人正常工作的良好习惯。
（　　）

（2）ABB 机器人数据备份的对象是所有正在系统内存运行的 RAPID 程序和系统参数。
（　　）

（3）当机器人系统出现错乱或者重新安装新系统后，可以通过备份包快速地将机器人恢复到备份时的状态。（　　）

（4）因误操作而删除了原有的机器人程序，但无须恢复机器人系统参数时，可以通过备份文件夹中的 RAPID 程序包进行程序数据的单独恢复。（　　）

（5）因误操作了机器人系统参数配置文件而导致故障，但机器人程序完好时，可以通过备份文件夹中的 SYSPAR 程序包进行配置文件的单独恢复。（　　）

2. 选择题

（1）ABB 机器人程序主要备份文件的后缀名是（　　　）。
　　A. RAPID　　　　　　B. MAIN　　　　　　C. MOD　　　　　　D. cfg
（2）ABB 机器人 EIO 文件的后缀名是（　　　）。
　　A. cfg　　　　　　　B. RAPID　　　　　　C. Module　　　　　D. MOD

（3）ABB 机器人数据备份包中的有（   ）个文件夹。

    A. 三   B. 四   C. 五   D. 六

（4）以下不是备份机器人系统原因的是（   ）。

    A. 用于机器人崩溃后快速恢复系统   B. 使用机器人的良好习惯

    C. 可用于程序及配置的保存   D. 方便还原其他机器人系统

（5）用计算机写好的程序能以（   ）方式导入机器人系统内。

    A. U 盘   B. RS232 协议

    C. 无线局域网   D. RS485 协议

3. 拓展任务

请简述你的手机系统备份的具体操作。

任务 2.4　　调试做操程序

一、任务描述

经过前期的准备工作和学习，机器人社团的同学们已经准备就绪，能够利用机器人调试做操程序迎接"全民健身月"活动。为提升操作技术及展示效果，同学们在加载程序后，仍要学习如何单步调试做操程序及修改示教点调试，让机器人做操的动作更具观赏性，达到更佳效果。

二、学习目标

- 能够单步调试做操程序。
- 能够修改示教点并调试。
- 认识到健康无价的含义，树立锻炼身体、保持身心健康的长远目标。

三、导学框图

任务 2.4 的导学框图如图 2-4-1 所示。

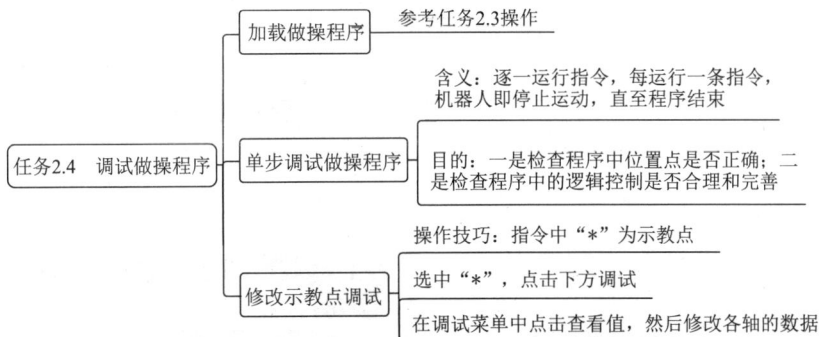

图 2-4-1　任务 2.4 导学框图

四、任务探究

（1）调试的主要目的是什么？

（2）单步调试程序首先将_____移至所需运行的指令处，并主要利用示教器上的_____按钮进行单步调试。

（3）利用MoveAbsJ指令实现机器人做操动作，指令中的"_____"是机器人的示教点，可对其进行修改调试。

五、任务实施

（一）加载做操程序

程序加载方式与任务 2.3 所述一致。

（二）单步调试做操程序

单步调试是指逐一运行指令进行调试，每运行一条指令，机器人即停止运动直至程序结束，方便操作员检查调试。单步调试的操作步骤如表 2-4-1 和图 2-4-2 所示。

表 2-4-1　单步调试操作步骤

序号	操作说明	图示
1	点击"调试"按钮，打开"调试"菜单，选择"PP 移至例行程序"选项	
2	选中需要调试的程序，然后点击"确定"按钮	

续表

序号	操作说明	图示
3	程序指针出现	
4	按住使能按钮，按下单步调试键 ⏭ 运行该指令	

PP移至Main
是调试主程序

PP移至光标，可以将程序指针移至想要执行的某条指令，但只能将PP在同一个例行程序中跳转

图 2-4-2　程序指针示意图

（三）修改示教点调试

修改示教点调试只需修改机器人各轴角度参数，重新修改位置即可，具体操作步骤如表 2-4-2 所示。

表 2-4-2　修改示教点调试操作步骤

序号	操作说明	图示
1	点击需要修改指令的"*"，其中"*"为示教点；再点击"调试"按钮	

续表

序号	操作说明	图示
2	选择"查看值"选项	
3	rax_1 为 1 轴，rax_2 为 2 轴，如此类推，在右侧数值框中将轴的值修改为所需数值即可	
4	修改完成后，点击上方的"确定"按钮，再点击下方的"确定"按钮，最后可重新进行单步调试以检查示教点是否修改正确	

六、学习评价

完成任务学习后，请同学们对学习结果进行评价，并填写表 2-4-3。

表 2-4-3　任务 2.4 学习结果评价表

序号	评价内容及标准	评价结果
1	能够加载机器人程序	□合格　□不合格
2	能够单步调试程序	□合格　□不合格
3	能够修改示教点并调试	□合格　□不合格

七、作业小测

1. 问答题

（1）你认为机器人程序调试应包括哪些步骤？

（2）何谓机器人程序指针？

（3）如何修改示教点？请简述步骤。

2. 拓展任务

你能利用 MoveAbsJ 指令为机器人调试四个动作的做操程序吗？请在机器人上实现你的想法。

工业机器人写字

项目情境 ☞

汉字是中华文化中非常重要的一部分，而字帖是中小学生练好写字本领的重要工具。在制作字帖时必须精准、严谨。某企业需要定制一批个性化的创意临摹字帖，但现有生产线无法完成此任务，要求利用工业机器人进行生产线的改造，以满足定制化字帖的生产。作为一名工业机器人操作员，请你完成机器人写字程序的编程与调试任务。

通过本项目的学习，学生能手动操纵机器人、设定写字笔工具坐标，创建程序、添加指令、修改指令参数、调试程序等，从而完成机器人写字程序的编程与调试任务，在此过程中树立学生的文化自信、民族自信。

任务 3.1 手动操纵机器人

一、任务描述

因改造生产线的需要，公司采购了一台新的工业机器人。现在请你对该机器人进行简单的手动操纵，以此验证机器人的基本功能是否正常。

二、学习目标

- 能够使用示教器手动操纵工业机器人进行线性、重定位、增量模式下的运动。
- 能够说出示教器中的快捷菜单包含哪些参数。
- 能够说出线性操纵时工业机器人的 X 轴、Y 轴、Z 轴的正方向。

三、导学框图

任务 3.1 的导学框图如图 3-1-1 所示。

图 3-1-1　任务 3.1 导学框图

四、任务探究

（一）如何手动操作机器人使其做等距离线性运动

图 3-1-2 所示为机器人工作站，如何手动操纵机器人，能使机器人带动焊枪尖点位置沿着矩形体的边做等距离的线性运动？

机器人的动作模式有单轴运动、线性运动、重定位运动三种模式，如图 3-1-3 所示。单轴运动在任务 2.2 中已有介绍，此处不再赘述。线性运动就是指安装在第六轴法兰盘的工具中心点（tool center position，TCP）在空间中做线性运动。机器人在基坐标下做线性运动时，运动的正方向是与基坐标 X 轴、Y 轴、Z 轴正方向对应的，可参考手动操纵界面右下角的"操纵杆方向"栏，查看线性操纵工业机器人的 X 轴、Y 轴、Z 轴的正方向，如图 3-1-4 所示。

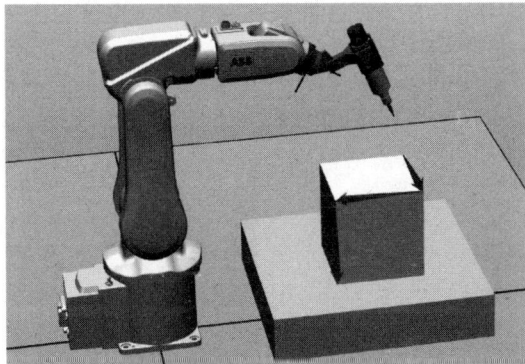

图 3-1-2　机器人工作站

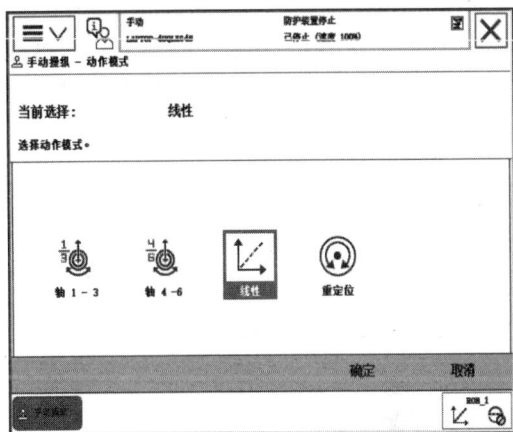

图 3-1-3　动作模式

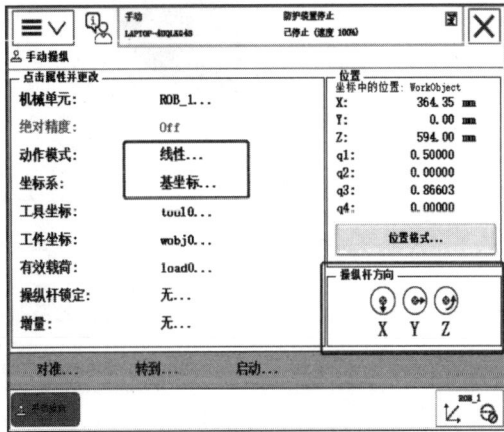

图 3-1-4　线性运动坐标系正方向

要让 TCP 做等距离的线性运动，可以选择打开增量模式。在增量模式下，每推动一次操纵杆，机器人就会运动一步。如果操纵杆持续 1s 或数秒钟，工业机器人就会以 10 步/s 的速度持续移动。如图 3-1-5 所示，在选择"大"挡位时，每推动一次操纵杆，机器人每次线性移动 5mm 的距离。

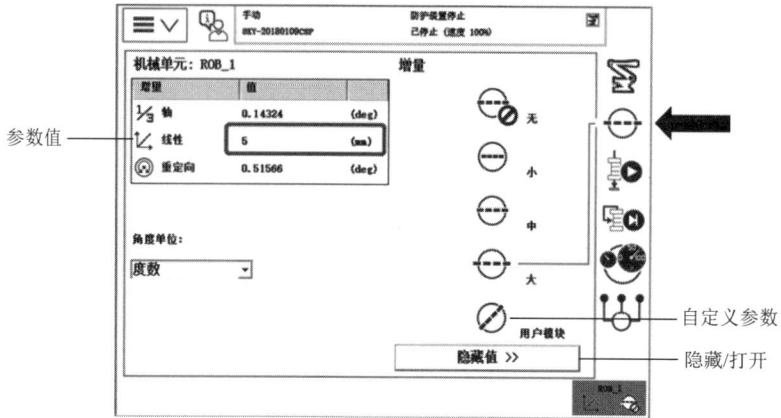

图 3-1-5　增量模式

（二）如何让机器人在不移动焊枪尖点的情况下进行姿态调整

工业机器人的重定位运动是指工业机器人第六轴法兰盘的 TCP 在空间中绕着坐标轴旋转的运动，也可以理解为工业机器人绕着 TCP 做姿态调整的运动。因此，要让机器人在不移动焊枪尖点的情况下进行姿态调整，可以选择用重定位动作模式。

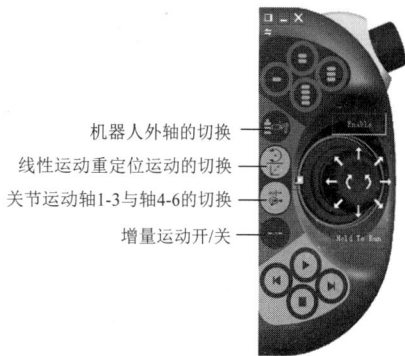

图 3-1-6　手动操纵快捷键

（三）手动操纵机器人有哪些快捷操作

在示教器的操作面板上有关于手动操纵的快捷键，这会方便我们在操纵机器人运动时直接使用而不用返回到主菜单进行设置。手动操纵快捷键如图 3-1-6 所示，有机器人外轴的切换、线性运动与重定位运动的切换、关节运动轴 1-3 与轴 4-6 的切换，还有增量运动的开关。点击示教器界面右下角的快捷菜单按钮也可以进行快捷操作，如图 3-1-7 所示。

图 3-1-7　快捷菜单按钮

五、任务实施

（一）工业机器人在增量模式下做线性运动

工业机器人在增量模式下做线性运动的操作步骤如表 3-1-1 所示。

表 3-1-1　工业机器人在增量模式下做线性运动的操作步骤

序号	操作说明	图示
1	点击主菜单按钮，选择"手动操纵"选项	
2	进入"手动操纵"界面，选择"动作模式"选项	
3	进入"手动操纵-动作模式"界面，选择"线性"选项，点击"确定"按钮	
4	按下使能按钮，并在示教器状态栏中确认已正确进入"电机开启"状态，手动操纵机器人控制手柄，完成 X 轴、Y 轴、Z 轴的线性运动	

续表

序号	操作说明	图示
5	点击界面右下角"快捷窗口"图标，再点击"增量"图标，选择"中"挡位	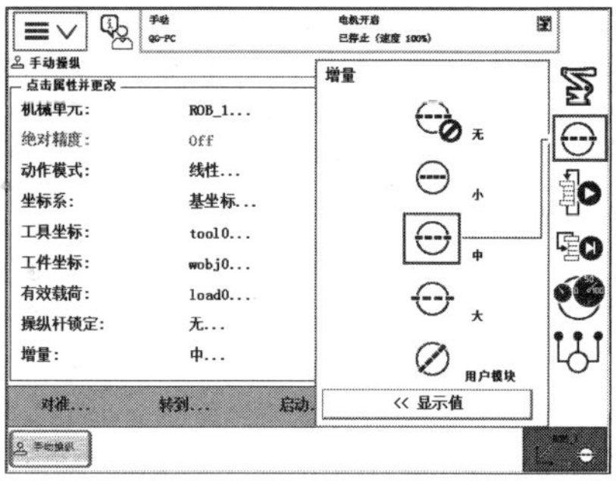
6	按下使能按钮，并在示教器状态栏中确认已正确进入"电机开启"状态，手动操纵机器人控制手柄，完成 X 轴、Y 轴、Z 轴在增量模式下的线性运动	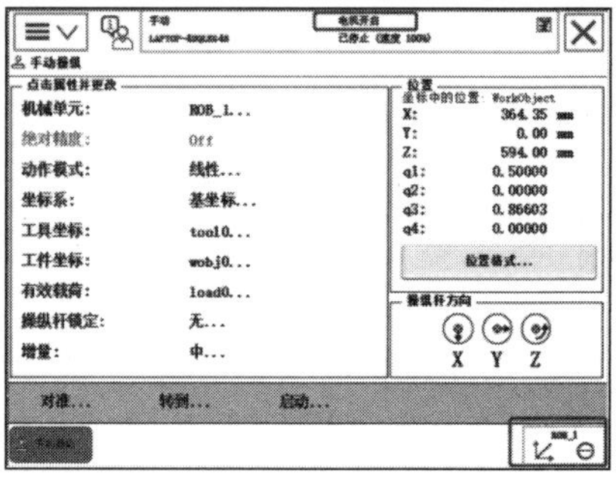

（二）工业机器人在重定位动作模式下进行姿态调整

工业机器人在重定位动作模式下进行姿态调整的操作步骤如表 3-1-2 所示。

表 3-1-2　工业机器人在重定位动作模式下进行姿态调整的操作步骤

序号	操作说明	图示
1	点击主菜单按钮，选择"手动操纵"选项	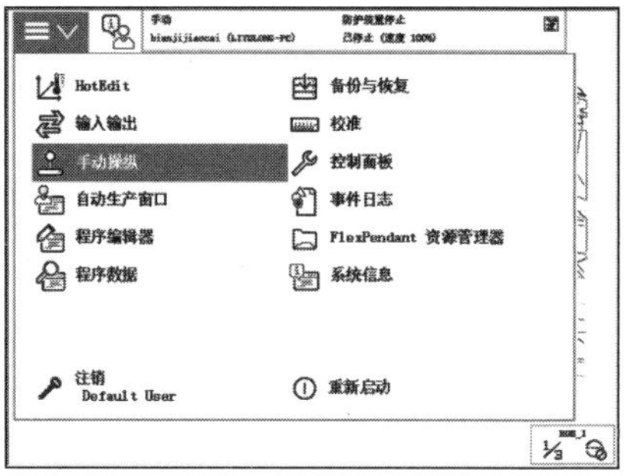
2	在打开的"手动操纵"界面中，选择"动作模式"选项	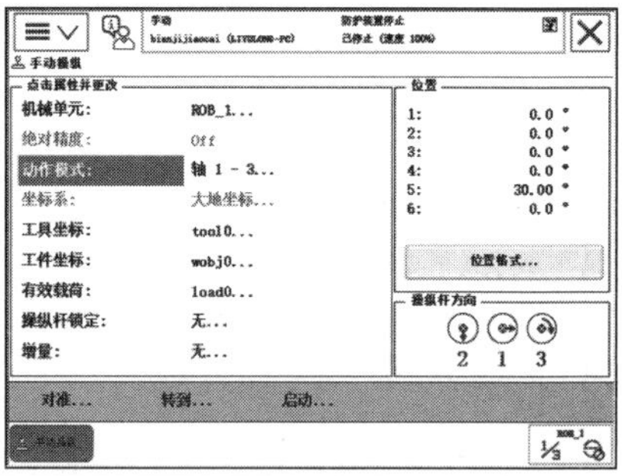

续表

序号	操作说明	图示
3	在打开的"手动操纵-动作模式"界面中，选择"重定位"选项，点击"确定"按钮	
4	按下使能按钮，并在示教器状态栏中确认已正确进入"电机开启"状态，手动操纵机器人控制手柄，使机器人在工具坐标系中进行重定位运动	

六、学习评价

完成任务学习后，请同学们对学习结果进行评价，并填写表3-1-3。

表 3-1-3　任务 3.1 学习效果评价表

序号	评价内容及标准	评价结果
1	能够使用示教器手动操纵机器人做线性运动	□合格　□不合格
2	能够使用示教器正确打开/关闭增量模式，并选择增量的挡位	□合格　□不合格
3	能够使用示教器手动操纵机器人做重定位运动	□合格　□不合格

七、作业小测

1. 问答题

（1）什么是工业机器人的线性运动、重定位运动？

（2）增量模式有哪几个挡位，如何设置自定义挡位？

（3）请描述手动操纵快捷菜单的主要功能。

（4）机器人在线性运动过程中，打开与关闭增量模式，其运动有什么区别？

（5）在基坐标下线性操纵工业机器人时，如何分辨机器人的 X 轴、Y 轴、Z 轴的正方向？

2. 拓展任务

图 3-1-8 所示为定点工作站，请手动操纵机器人，使工具尖点与地板上圆锥尖点轻轻触碰。

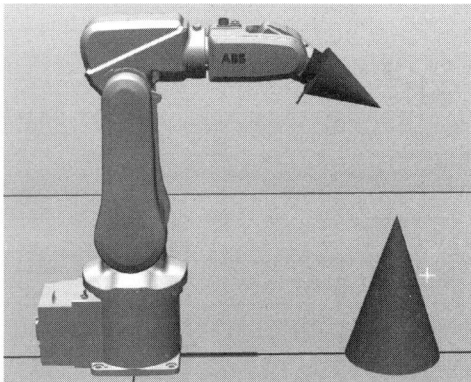

图 3-1-8　定点工作站

任务 3.2　设定工具坐标

一、任务描述

在机器人写字工作站中，由于笔尖磨损严重，写字的偏差较大，需更换写字笔。为使机器人在更换新笔后能精准地运用笔尖完成写字任务，需要设定新笔的工具坐标，现请你更换写字笔并完成新笔的工具坐标设定。

二、学习目标

- 能够叙述工具坐标的含义及设定方法。
- 能够说出工具坐标误差的含义。
- 能够叙述定义 TCP 的步骤。

三、导学框图

任务 3.2 的导学框图如图 3-2-1 所示。

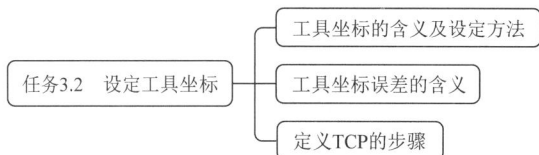

图 3-2-1　任务 3.2 导学框图

四、任务探究

（一）如何使机器人识别画笔工具的笔尖位置

机器人的每一个应用都有其对应使用的工具，每一个工具在运用时与工件的作用点都不一样，要设置哪些参数才能让机器人识别所安装的画笔工具的笔尖位置呢？

工具坐标系（tool center point frame）用于描述安装在机器人第六轴上工具中心点的位置、姿态等数据。工具坐标系经常被缩写为 TCPF，而工具坐标系中心缩写为 TCP（tool center point）。六轴机器人的默认工具坐标系 tool0 的原点在第六轴的末端法兰中心，其方向随着机器人姿态而改变。

在机器人轨迹编程时，就是将工具在另外定义的工作坐标系中的若干位置 X/Y/Z 和姿态 Rx/Ry/Rz 记录在程序中。当程序执行时，机器人就会把 TCP 移动到这些编程的位置。

TCP 在以下场合需要重新定义：

（1）工具重新安装。

（2）更换工具。

（3）工具使用后出现运动误差。

（二）工具数据包含哪些参数？这些参数该如何设置

工具数据有三个重要的参数，分别是重量、重心和TCP。在示教器工具坐标界面可选择对应的工具坐标直接进行重量、重心的参数设置，具体步骤参考任务实施过程。TCP较为特殊，不同工具的TCP位置差异较大，需要用特殊的方法来定义TCP。定义TCP的方法主要有以下三种。

（1）N（$N \geq 3$）点法。机器人的 TCP 通过 N 种不同姿态同参考点接触，通过计算出当前 TCP 与机器人法兰中心点相对位置来确定 TCP 位置，其坐标系方向与 tool0 相同。如图 3-2-2 所示为四点法定义 TCP 时的工具姿态图解。

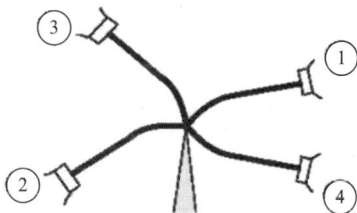

图 3-2-2 四点法定义 TCP 时的工具姿态图解

（2）TCP 和 Z 法。在 N 点法基础上，增加 Z 轴方向上的点与参考点连接为坐标系 Z 轴的方向。

（3）TCP 和 Z、X 法。在四点法基础上，增加 X 轴方向上的点与参考点连线为坐标系 X 轴的方向，Z 轴方向上的点与参考点连线为坐标系 Z 轴的方向。

（三）如何知道定义出来的 TCP 是符合要求的呢

在定义完成时，示教器会弹出 TCP 定义误差的结果图。平均误差体现了机器人以不同姿态多次到达同一个点时，点的重合度大小。平均误差值越小，说明重合度越高，TCP 的精度也就越高。建议平均误差在 0.95mm 以内。

除了平均误差，我们还可以通过重定位运动来检测 TCP 的精度。机器人在指定的工具坐标系下进行重定位，其姿态调整时，TCP 移动的幅度越小，说明 TCP 的精度越高。反之，TCP 移动的幅度越大，说明 TCP 的精度越低。

五、任务实施

根据工具坐标的四点设定方法，设定写字笔工具坐标，命名为"TCP_bi"，平均误差在 0.95mm 以内。具体操作步骤如表 3-2-1 所示。

表 3-2-1 设定写字笔工具坐标的操作步骤

序号	操作说明	图示
1	点击主菜单按钮，选择"手动操纵"选项	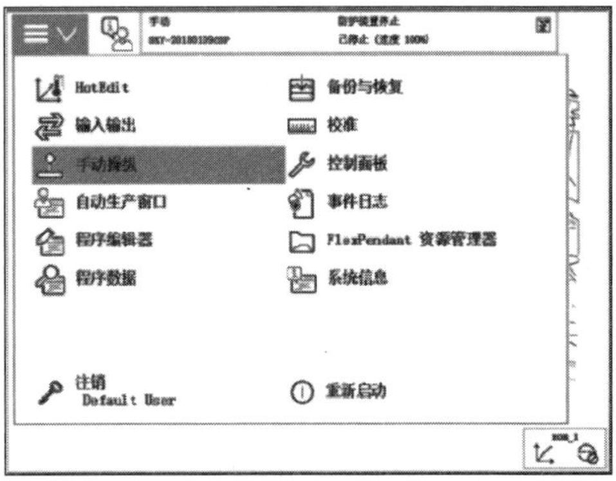
2	在打开的"手动操纵"界面中，选择"工具坐标"选项	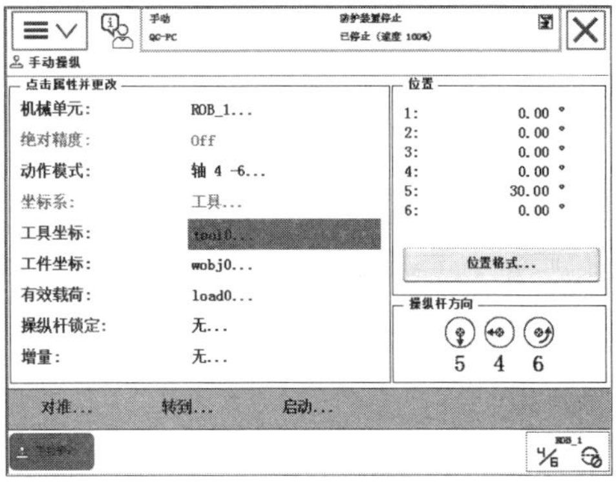
3	在打开的"手动操纵-工具"界面中，点击"新建"按钮	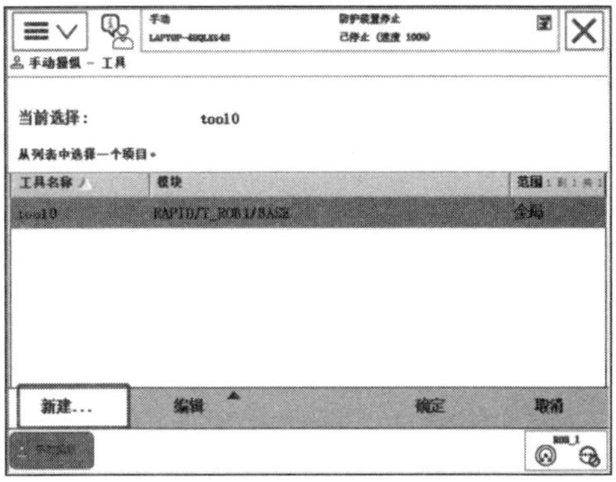

续表

序号	操作说明	图示
4	在打开的"新数据声明"界面中,点击名称文本框右侧的"…"按钮,修改名称为"TCP_bi",点击"确定"按钮	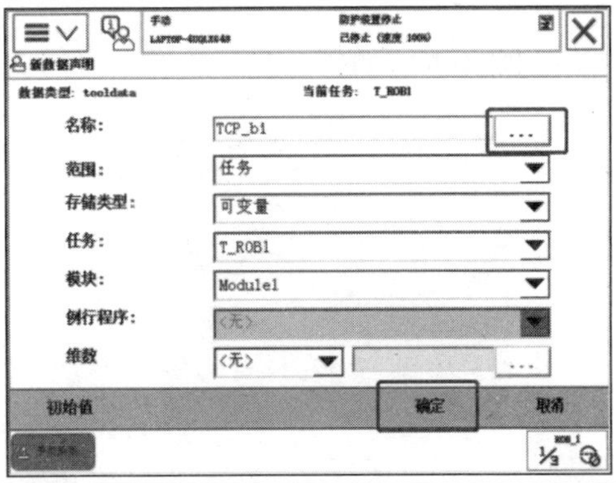
5	在工具列表中选中"TCP_bi"选项,点击"编辑"按钮,在弹出的快捷菜单中选择"定义…"选项	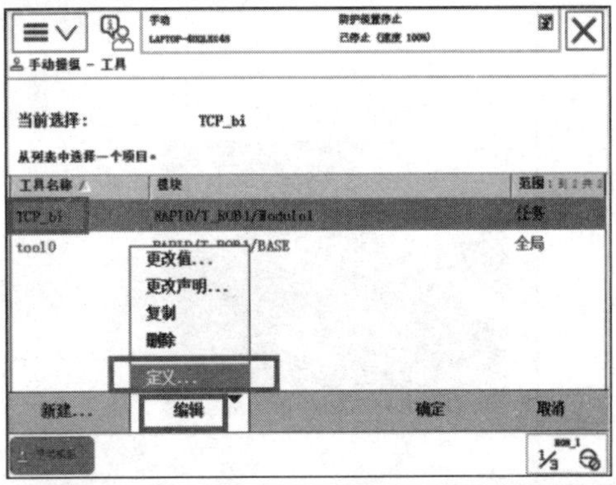
6	在"方法"列表框中选择"TCP(默认方向)"选项,点数设置为"4"点	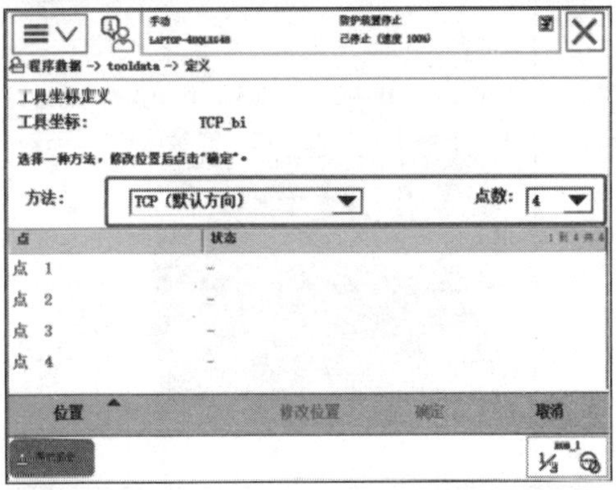
7	按下示教器使能按钮,操控机器人使工具参考点接触圆锥的尖点,点击"修改位置"按钮 	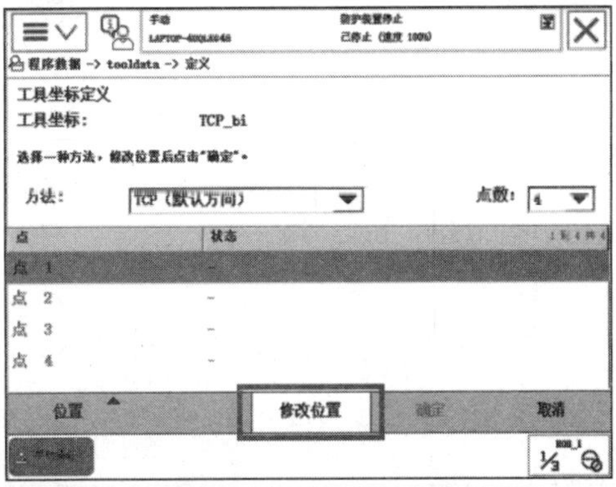

序号	操作说明	图示
8	操控机器人变换另一个姿态，使工具参考点靠近并接触圆锥的尖点，点击"修改位置"按钮 	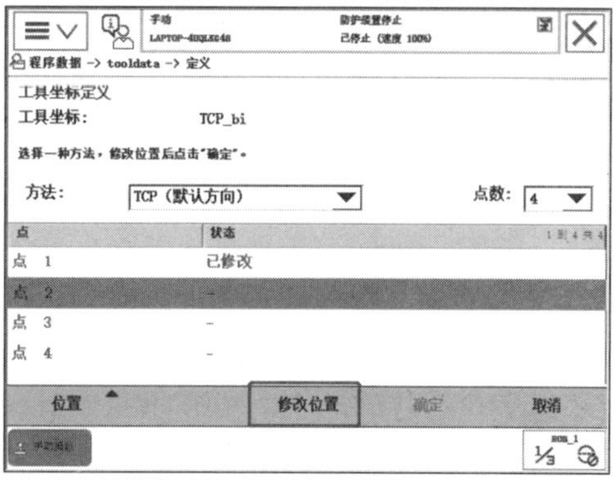
9	操控机器人变换另一个姿态，使工具参考点靠近并接触圆锥的尖点，点击"修改位置"按钮 	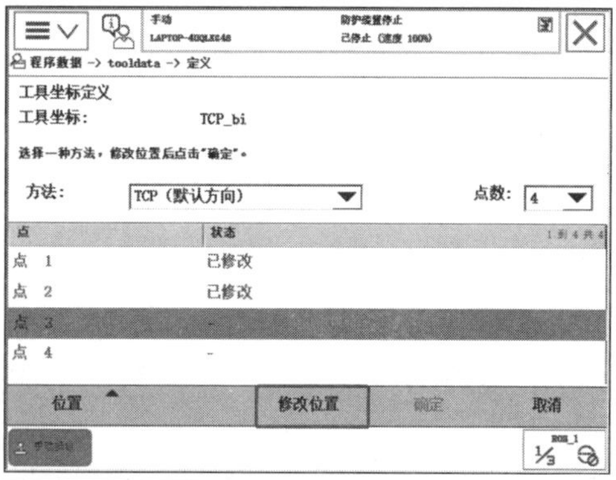
10	操控机器人变换另一个姿态，使工具参考点靠近并接触圆锥的尖点，点击"修改位置"按钮 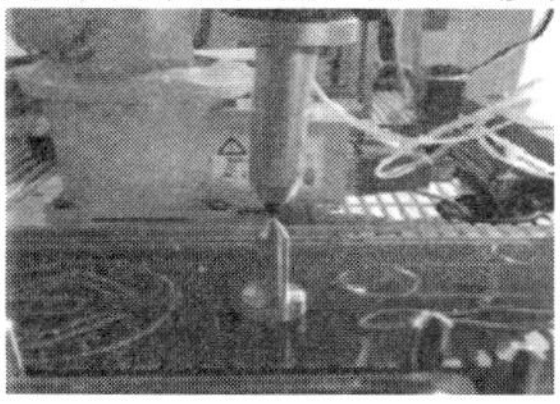	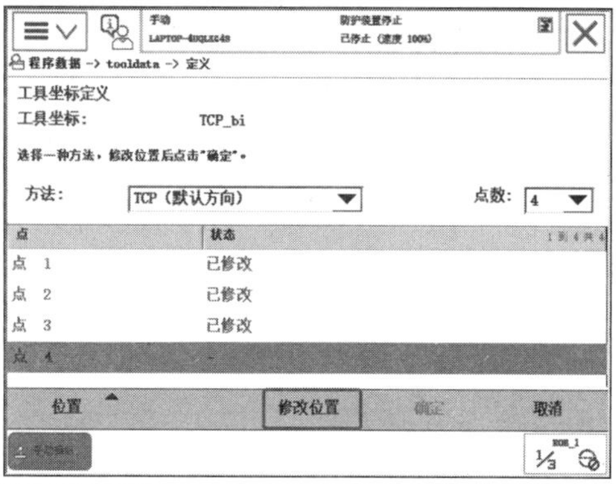
11	四点修改完毕后，点击"确定"按钮	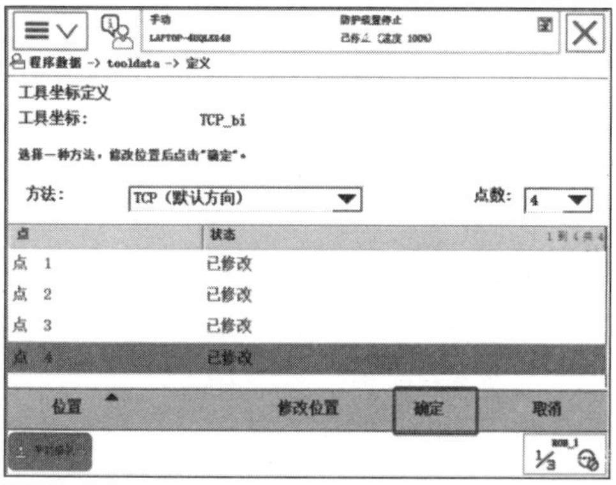

续表

序号	操作说明	图示
12	当 TCP 平均误差在允许范围内时（建议在 0.95mm 内）时，方可点击"确定"按钮进入下一步，否则需要重新标定 TCP	
13	在工具列表中选择"TCP_bi"选项，点击"编辑"按钮，在弹出的快捷菜单中选择"更改值..."选项	
14	在名称列表中选择"mass"选项，填写工具的真实重量，单位为 kg，不能为负值；在"cog:"数值框中填写工具重心相对于 tool0 的 x 轴、y 轴、z 轴的距离，并点击"确定"按钮，再次点击"确定"按钮，设置完毕	

六、学习评价

完成任务学习后，请同学们对学习结果进行评价，并填写表 3-2-2。

表 3-2-2　任务 3.2 学习结果评价表

序号	评价内容及标准	评价结果
1	能够在示教器中创建工具坐标并正确设置工具数据参数	□合格　□不合格
2	用四点法定义的 TCP 平均误差在 0.95mm 以内	□合格　□不合格
3	能够叙述定义 TCP 的步骤	□合格　□不合格

七、作业小测

1. 问答题

（1）什么是工具坐标？

（2）工具坐标的主要参数有哪些？

（3）以四点法为例，请写出定义写字笔 TCP 的步骤。

（4）如何检测 TCP 的精度？

（5）TCP 的平均误差越大，精度_____；平均误差越小，精度_____。

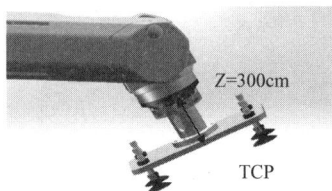

图 3-2-3　吸盘夹具

2. 拓展任务

以图 3-2-3 中搬运薄板的真空吸盘夹具为例，重量是 25kg，重心在默认 tool0 的 Z 正方向偏移 250mm，TCP 设定在吸盘的接触面上，从默认 tool0 上的 Z 正方向偏移了 300mm。请在示教器上设定该真空吸盘夹具的工具坐标。

【任务 3.3】　　创建机器人程序

一、任务描述

在实际工作站中，出于对工业机器人的性能保护和安全考虑，在工作站停止运行时一般要使工业机器人回到机械原点位置。图 3-3-1 所示为机器人工作站，请编写机器人从机械原点运动到圆锥尖点的程序，并运行调试程序。

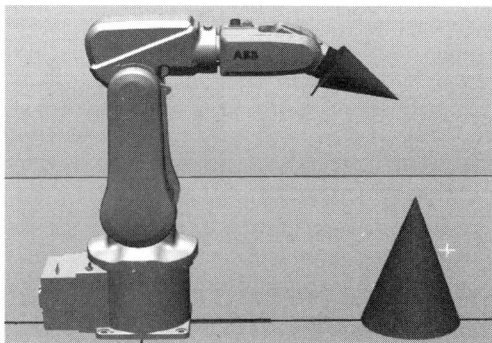

图 3-3-1　定点工作站

二、学习目标

- 能够正确使用 MoveAbsJ 指令和 MoveJ 指令。
- 能够创建例行程序并在例行程序中添加指令。
- 能够运行调试例行程序。

- 能够说出 main 主程序的特点。

三、导学框图

任务 3.3 的导学框图如图 3-3-2 所示。

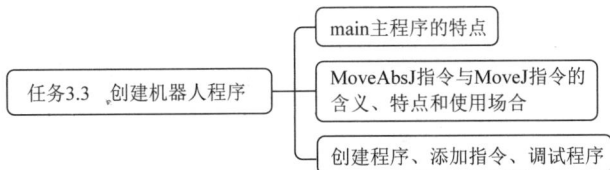

图 3-3-2　任务 3.3 导学框图

四、任务探究

（一）什么是工业机器人的机械原点

机器人的六个伺服电机都有一个固定的机械原点，错误地设定机器人机械原点将会造成机器人动作受限、误动作及无法走直线等问题，严重的会损坏机器人。机器人的机械原点，就是指每个轴都在 0°。

在实际生产过程中，为了生产安全和高效，一般会让机器人在执行任务前后停在一个安全可靠的位置，这个位置就作为机器人的工作原点。工作原点是根据现场情况而确定的，并不唯一。

（二）机器人编程的程序框架是怎么样的

工业机器人的编程语言为 RAPID 语言。RAPID 是 ABB 公司开发的一种英文编程语言，其所包含的指令可以移动机器人、控制 I/O 通信，还能实现决策、重复其他指令、构造程序与系统操作员交流等功能。

RAPID 语言程序由系统模块和程序模块组成，如图 3-3-3 所示。系统模块在系统启动时自动加载到任务缓冲区。程序模块用来执行一项 RAPID 应用，可以根据不同的任务创建多个程序模块。程序模块包括程序数据、例行程序、中断程序和功能四种对象，但不一定在

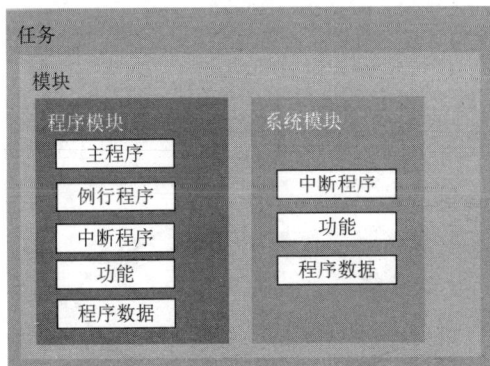

图 3-3-3　RAPID 语言程序的架构

一个模块中都包含这四种对象，程序模块之间的程序数据、例行程序、中断程序和功能是可以互相调用的。但是在 RAPID 程序中，只有一个主程序 main()，并且可以存在于任意一个程序模块中，作为整个 RAPID 程序执行的起点，如表 3-3-1 所示。

表 3-3-1　RAPID 语言程序的架构

程序模块 1	程序模块 2	程序模块 3	…	系统模块
程序数据	程序数据	程序数据	……	程序数据
主程序 main()	例行程序	例行程序	……	例行程序
例行程序	中断程序	中断程序	……	中断程序
中断程序	功能	功能	……	功能
功能			……	

（三）有什么指令可以让机器人快速回到机械原点和圆锥尖点位置

1. 绝对位置运动指令（MoveAbsj）

绝对位置运动指令是使用工业机器人的六个轴和外轴的角度值来定义目标位置数据的运动。绝对位置运动指令属于快速运动指令，执行后机器人将以轴关节的最佳姿态迅速到达目标点位置，其运动轨迹具有一定的不可预测性。绝对位置运动指令常用于机器人六个轴回到机械原点（0°）的位置。指令格式如下：

```
MoveAbsJ jpos10\NoEOffs, v100, z20, tool1\wobj:=wobj1;
```

其指令参数解析如表 3-3-2 所示。

表 3-3-2　绝对位置运动指令参数解析表

参数	含义
jpos10	机械臂和外轴的位置数据
NoEOffs	no external offsets，不受外轴的有效偏移量的影响
v100	运动速度数据，100mm/s，用于定义速度（mm/s）
z20	转弯区域数据，用于定义转弯区的大小（mm）
tool1	工具坐标数据，用于定义当前指令使用的工具
wobj1	工件坐标数据，用于定义当前指令使用的工件坐标

2. 关节运动指令（MoveJ）

关节运动指令是在对路径精度要求不高的情况，指示机器人的 TCP 从一个位置移动到另一个位置，两个位置之间的路径不一定是直线，如图 3-3-4 所示。

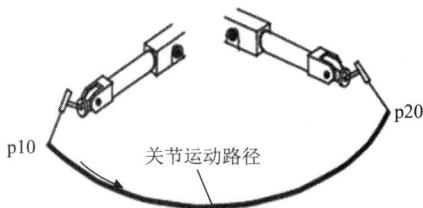

图 3-3-4　关节运动

关节运动指令适合机器人大范围运动时使用，不容易在运动过程中出现关节轴进入机械奇异点（死点）的问题。在搬运这类点对点的作业场合具有广泛的应用。

关节运动指令格式如下：

```
MoveJ P10, v100, z20, tool1\wobj:=wobj1;
```

其指令参数解析如表 3-3-3 所示。

表 3-3-3　关节运动指令参数解析表

参数	含义
p10	目标点位置数据，用于定义当前机器人 TCP 在工件坐标系中的位置
v100	运动速度数据，100mm/s，用于定义速度（mm/s）
z20	转弯区域数据，用于定义转弯区的大小（mm）
tool1	工具坐标数据，用于定义当前指令使用的工具
wobj1	工件坐标数据，用于定义当前指令使用的工件坐标系

五、任务实施

创建和编写机器人从机械原点到圆锥尖点位置的程序，并运行调试程序。

要求创建"main"例行程序，操作步骤如表 3-3-4 所示。

表 3-3-4　创建和编写机器人程序的操作步骤

序号	操作说明	图示
1	点击主菜单按钮，选择"程序编辑器"选项	
2	将光标移到待添加指令的位置，点击"添加指令"按钮，在弹出的"Common"列表中选择"MoveAbsJ"指令	

序号	操作说明	图示
3	在弹出的"添加指令"对话框中，点击"下方"按钮	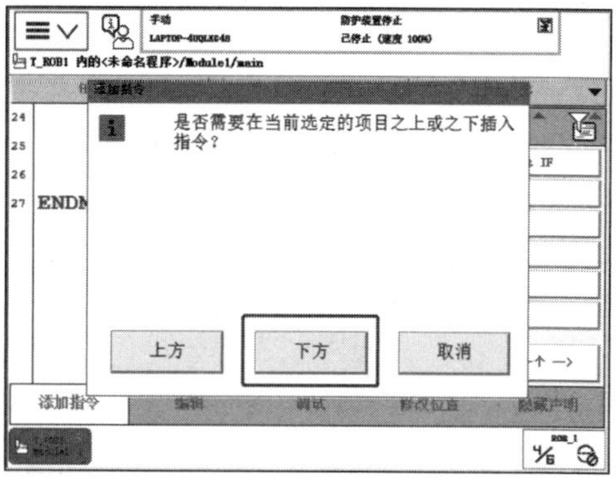
4	点击"*"图标	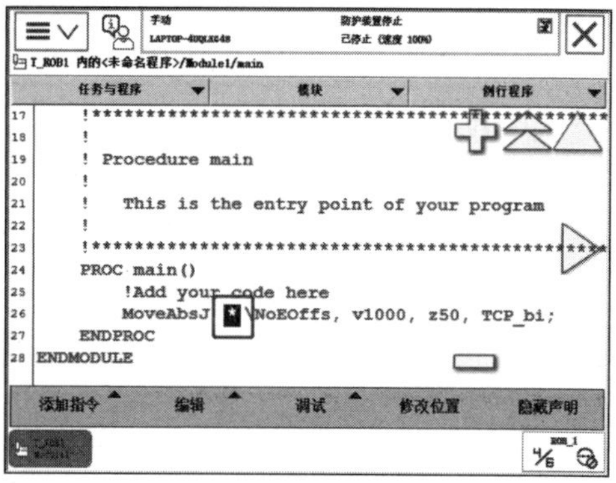
5	进入"更改选择"界面，点击"新建"按钮	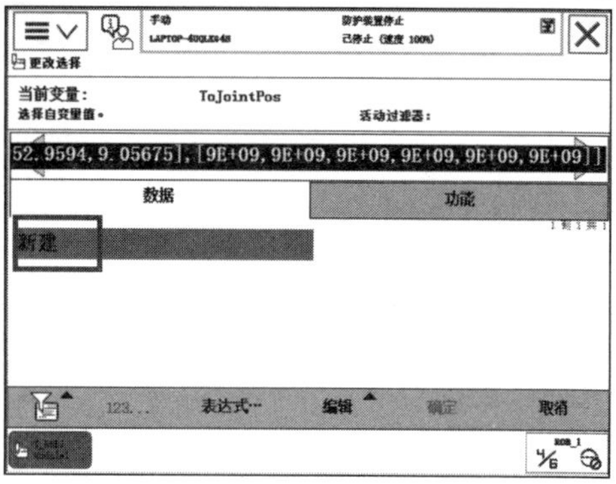
6	打开"新数据声明"界面，点击"名称"文本框右侧的"…"按钮，修改名称；点击"确定"按钮	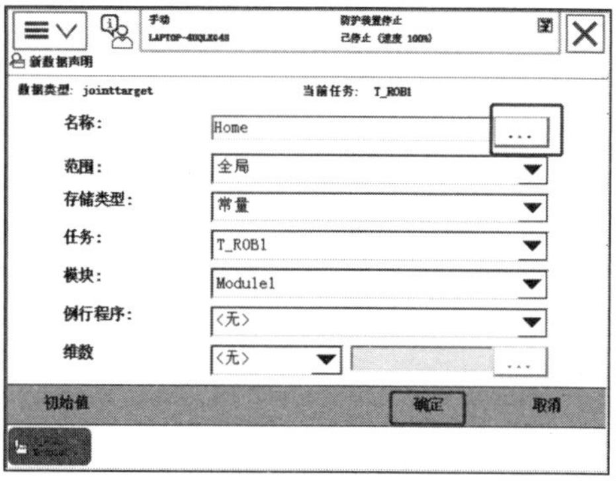

续表

序号	操作说明	图示
7	点击"Home",使其高亮显示;点击"调试"按钮,选择"查看值"选项	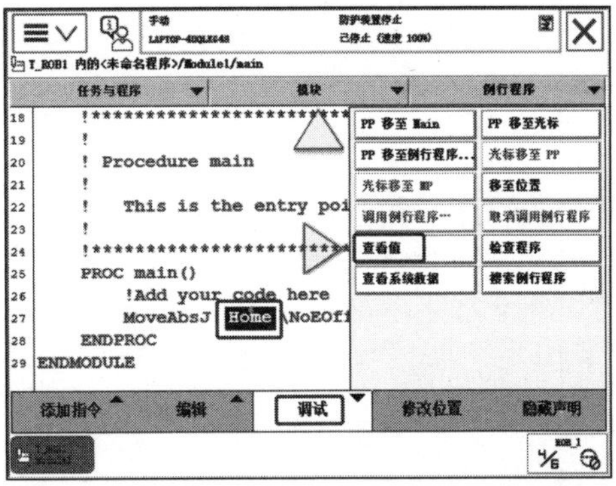
8	依次修改机器人六个轴的角度,如第 5 轴为 30°,其余轴为 0°,然后点击"确定"按钮	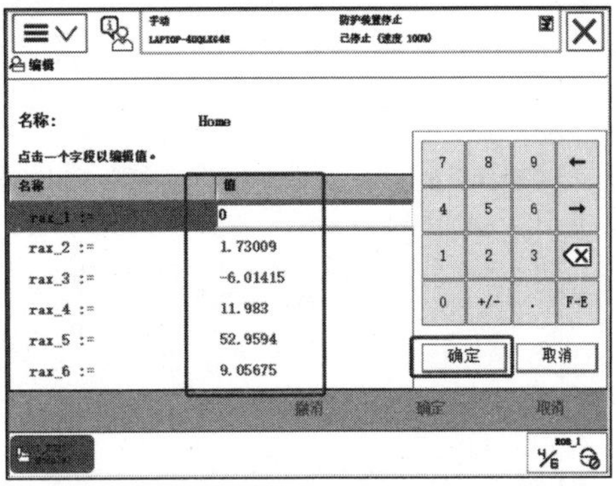
9	点击"添加指令"按钮,选择"MoveJ"指令	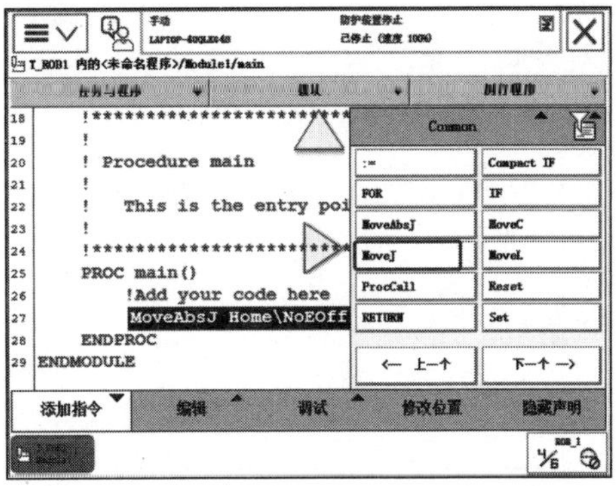
10	点击指令参数"z50"	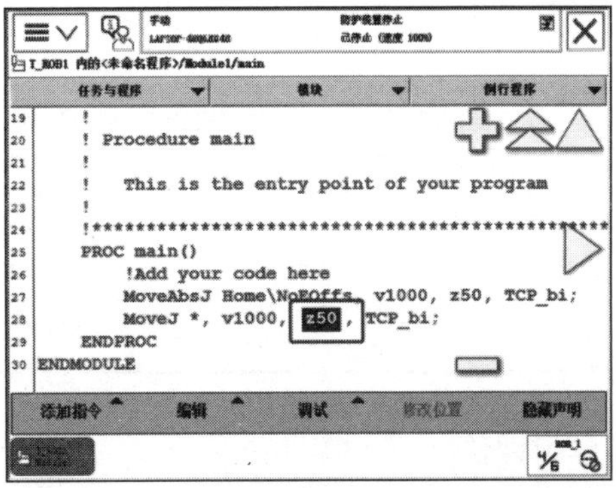

序号	操作说明	图示
11	在打开的"更改选择"界面中,选择"z0"选项,点击"确定"按钮	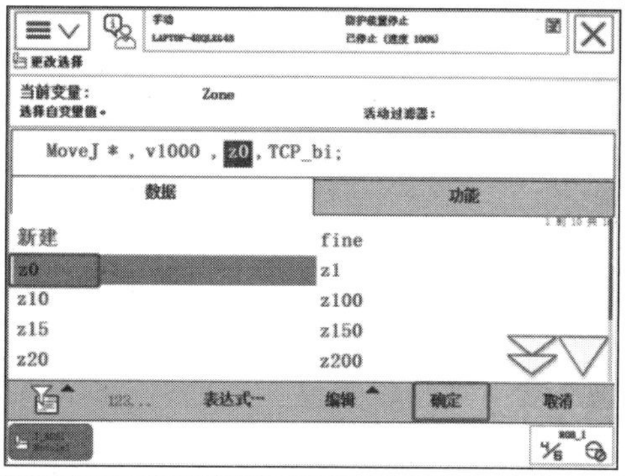
12	手动操纵机器人,使工具尖点与圆锥尖点刚好碰上,用光标选中"*",点击"修改位置"按钮,记录机器人当前位置	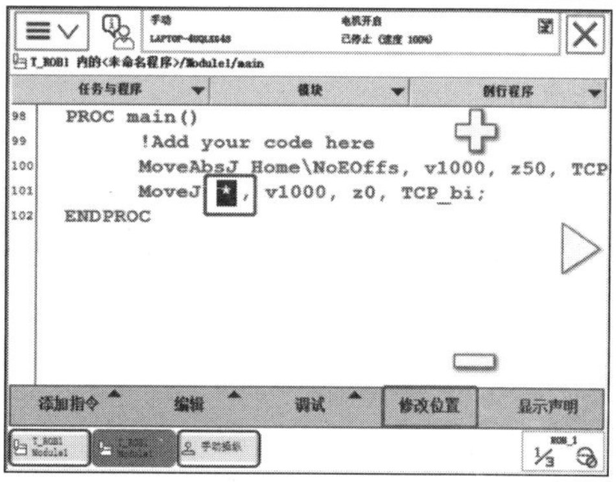
13	点击"调试"按钮,在打开的调试列表中选择"PP 移至 Main"选项	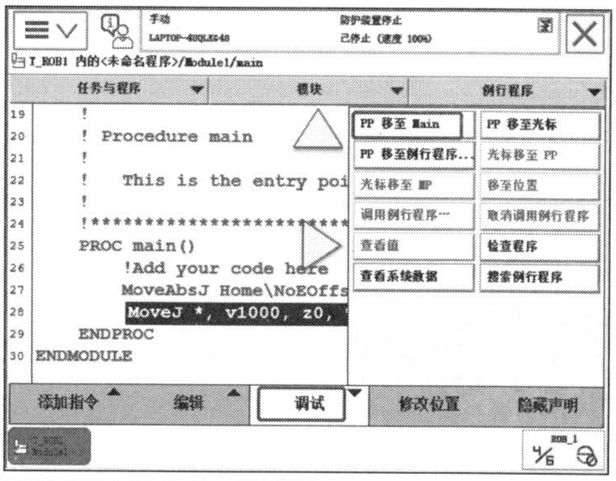
14	按下使能按钮,确认"电机开启"和"程序指针"位置;按下"连续"键,开始运行程序,观察程序运行效果	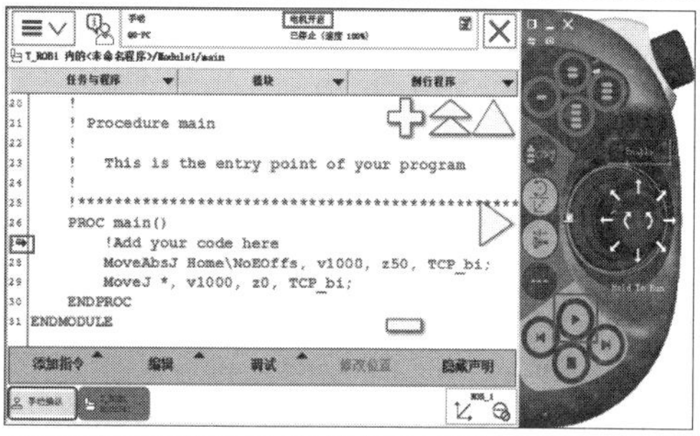

六、学习评价

完成任务学习后,请同学们对学习结果进行评价,并填写表 3-3-5。

表 3-3-5　任务 3.3 学习结果评价表

序号	评价内容及标准	评价结果	
1	能够正确创建例行程序并添加 MoveAbsj、MoveJ 指令	□合格	□不合格
2	能够按要求修改 MoveAbsj 中机器人各轴的角度值	□合格	□不合格
3	能够正确运行调试程序，使机器人在工作台面上精确运动到目标点	□合格	□不合格

七、作业小测

1. 判断题

（1）MoveJ p10, p20, v200, z50, tool0；这段指令是正确的。　　　　　　（　　）

（2）MoveJ p10, v1000, z50, tool0；其中的 v1000 表示速度，在手动调试中机器人将以该速度运行。　　　　　　　　　　　　　　　　　　　　　　　　　　　　（　　）

（3）程序编辑器只有在手动模式下才可以进行编辑。　　　　　　　　　（　　）

（4）MoveAbsJ 指令中的*作为目标点，可以修改其保存的轴关节数据。（　　）

（5）采用较大幅度的 MoveJ 运动指令时，机器人的运动路径是难以预测的。（　　）

2. 问答题

（1）请详细说明如何确定并保存所需要的目标点？

（2）请描述 main 主程序的特点。

（3）试说明当需要重复执行某段程序时该如何处理？

（4）MoveAbsJ 和 MoveJ 指令的含义、特点和使用场合分别是什么？

3. 拓展任务

如图 3-3-5 所示，要求程序控制机器人沿着五个圆锥顶点进行运动，包括规划轨迹、标注示教点、设置参数。请画出程序流程图并编写程序，利用仿真软件进行验证，最终进行实操，完成作品。

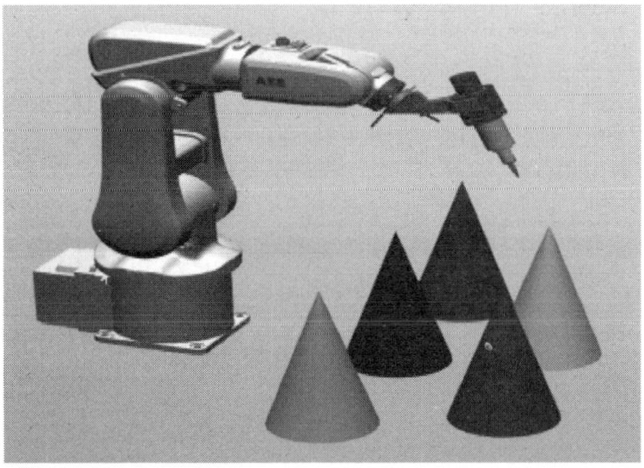

图 3-3-5　机器人多点运动工作站

任务 3.4 | 示教临摹字程序

一、任务描述

请在机器人写字工作站中，通过手动示教编程的形式，编写机器人精准临摹"工"字（图 3-4-1）的程序，并调试运行程序。

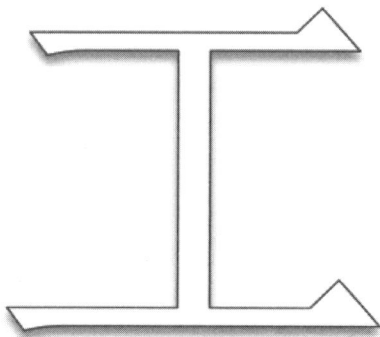

图 3-4-1 临摹字样图

二、学习目标

- 能够根据安全操作要求使用示教器对工业机器人进行手动运动操作并调整工业机器人的位置点。
- 能够说出机器人临摹字的原理。
- 能够完成示教临摹字程序的调试。

三、导学框图

任务 3.4 的导学框图如图 3-4-2 所示。

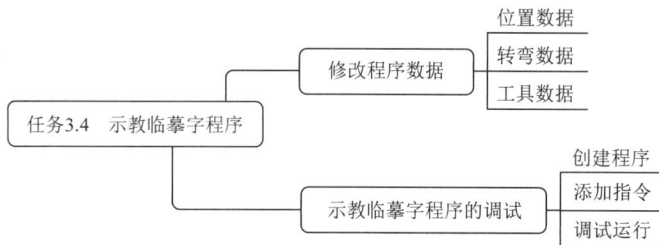

图 3-4-2 任务 3.4 导学框图

四、任务探究

（一）分析轨迹点组成、选用运动指令规划轨迹，画出流程图

如图 3-4-3 所示，图中"工"字主要有_____节点构成的线段组成，需要使用机

器人运动指令_____。工业机器人写字流程如图 3-4-4 所示，回原点需要用绝对位置运动指令_____，到过渡点一般用关节运动指令_____。原点名称为 home，写字上方点（过渡点）名称为 a10。

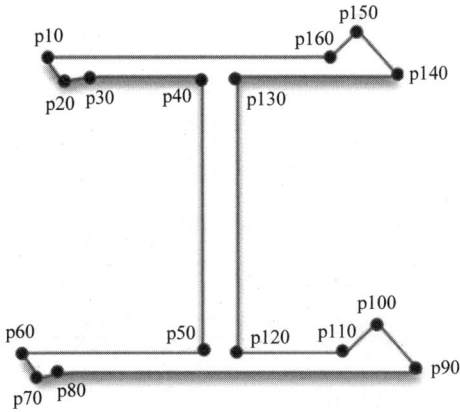

图 3-4-3 "工"字的示教点组成　　　图 3-4-4 工业机器人写字流程

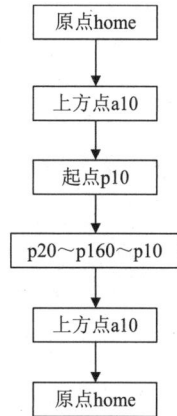

（二）根据选用指令，选择相应的参数，填写程序流程分析表

一般速度设定为 500mm/s，轨迹精准到达的转弯半径设为 z0，其他未要求精准到达的轨迹点可选用转弯半径 z50，画笔的工具坐标名称为 TCP_bi，如表 3-4-1 所示。

表 3-4-1　程序流程分析表

序号	流程	指令	示教点	速度	转弯半径	工具坐标	备注
1	原点	MoveAbsj	home	v500	z50	TCP_bi	
2	上方点	MoveJ	a10	v500	z50	TCP_bi	
3	起点	MoveJ	p10	v500	z0	TCP_bi	
4	线段 1	MoveJ	p20	v500	z0	TCP_bi	
5	线段 2	MoveJ	p30	v500	z0	TCP_bi	
6	线段 3	MoveJ	p40	v500	z0	TCP_bi	
7	线段 4	MoveJ	p50	v500	z0	TCP_bi	
8	线段 5	MoveJ	p60	v500	z0	TCP_bi	
9	线段 6	MoveJ	p70	v500	z0	TCP_bi	
10	线段 7	MoveJ	p80	v500	z0	TCP_bi	
11	线段 8	MoveJ	p90	v500	z0	TCP_bi	
12	线段 9	MoveJ	p100	v500	z0	TCP_bi	
13	线段 10	MoveJ	p110	v500	z0	TCP_bi	
14	线段 11	MoveJ	p120	v500	z0	TCP_bi	
15	线段 12	MoveJ	p130	v500	z0	TCP_bi	
16	线段 13	MoveJ	p140	v500	z0	TCP_bi	
17	线段 14	MoveJ	p150	v500	z0	TCP_bi	
18	线段 15	MovcJ	p160	v500	z0	TCP_bi	

续表

序号	流程	指令	示教点	速度	转弯半径	工具坐标	备注
19	结束点	MoveJ	p10	v500	z0	TCP_bi	
20	上方点	MoveJ	a10	v500	z50	TCP_bi	
21	原点	MoveAbsj	home	v500	z50	TCP_bi	

五、任务实施

工业机器人临摹字程序编写与调试操作步骤如表 3-4-2 所示。

表 3-4-2 工业机器人临摹字程序编写与调试操作步骤

序号	操作说明	图示
1	点击主菜单按钮，选择"程序编辑器"选项	
2	将光标移动到待添加指令的位置；点击"添加指令"按钮，在打开的指令列表中，选择"MoveAbsJ"选项	
3	在弹出的"添加指令"对话框中，点击"下方"按钮	

续表

序号	操作说明	图示
4	点击 "*"	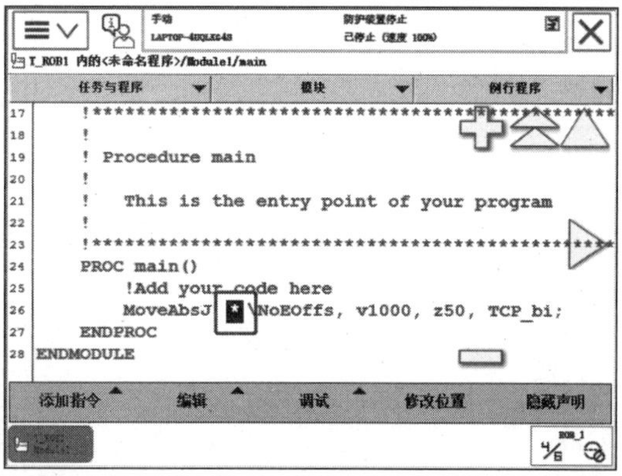
5	在打开的 "更改选择" 界面中，选择 "新建" 选项	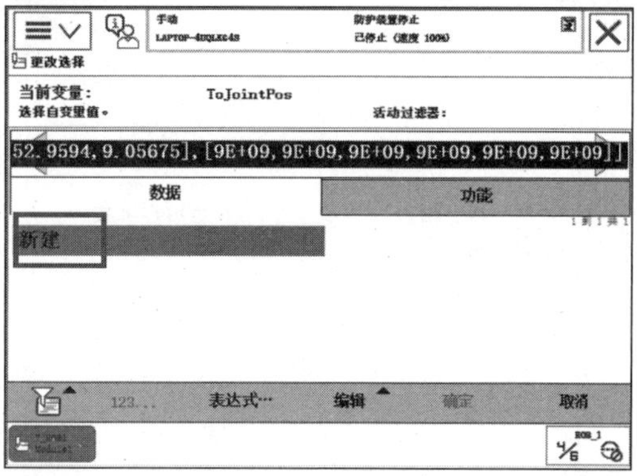
6	在打开的 "新数据声明" 界面中，点击 "名称" 文本框右侧的 "..." 按钮，修改名称，点击 "确定" 按钮	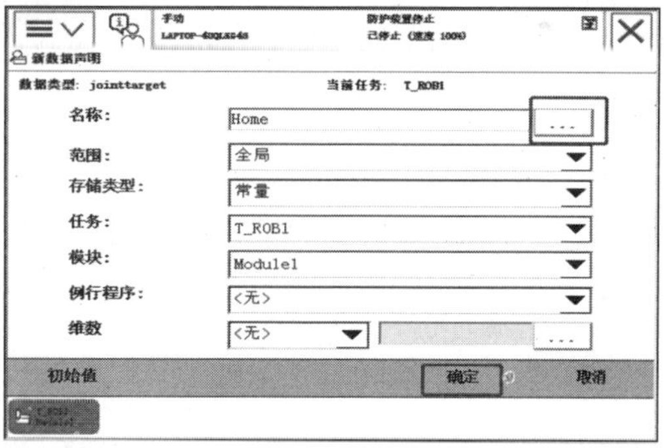
7	点击 "Home"，使其高亮显示；点击 "调试" 按钮，在弹出的调试列表中，选择 "查看值" 选项	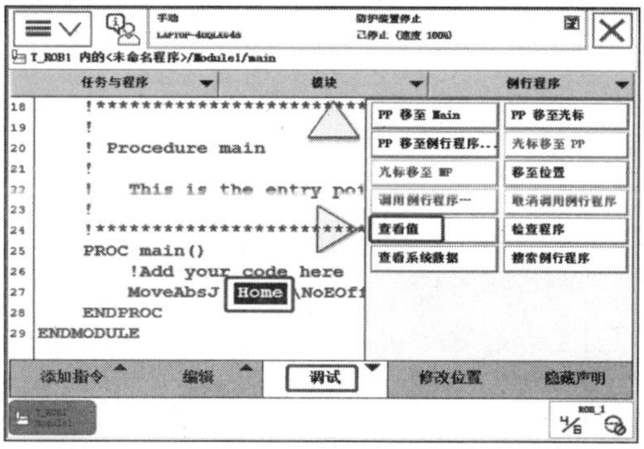

序号	操作说明	图示
8	依次修改机器人六个轴的角度，第五轴 30°，其余轴 0°，然后点击"确定"按钮	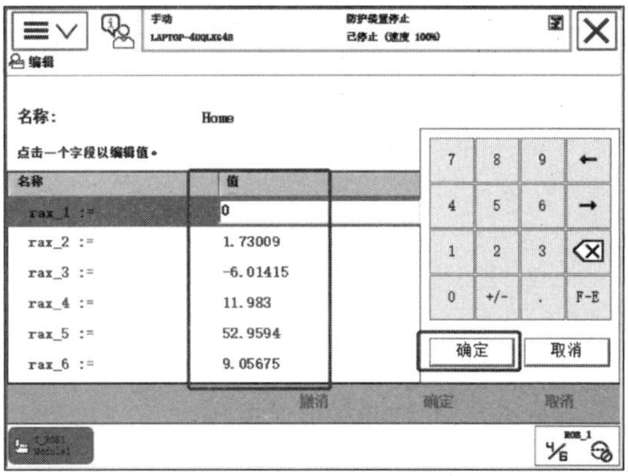
9	点击"添加指令"按钮，在弹出的指令列表中，选择"MoveJ"选项	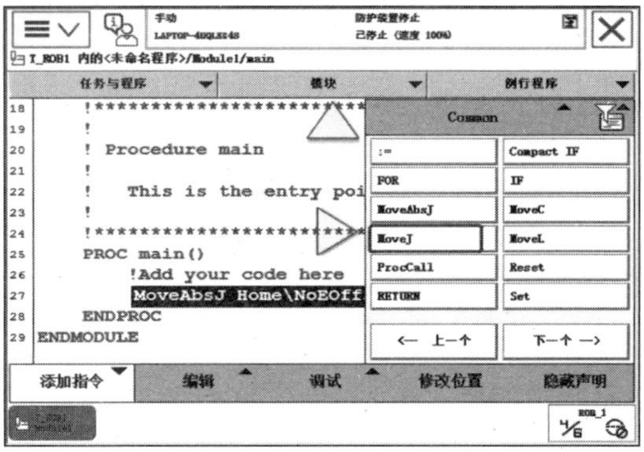
10	点击"＊"	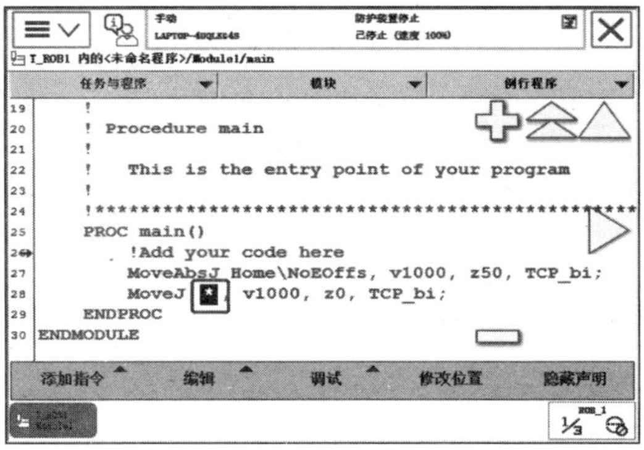
11	在打开的"更改选择"界面中选择"新建"选项	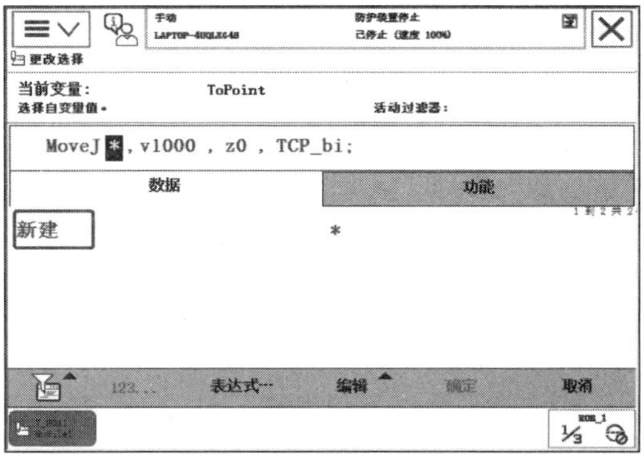

续表

序号	操作说明	图示
12	在打开的"新数据声明"界面中，将"名称"修改为"a10"，点击"确定"按钮	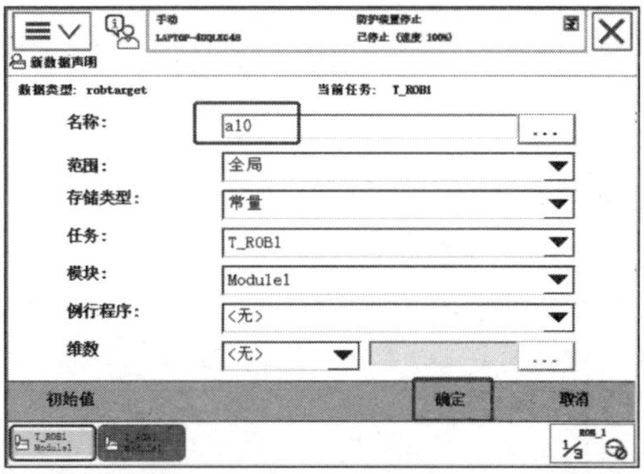
13	点击"v1000"	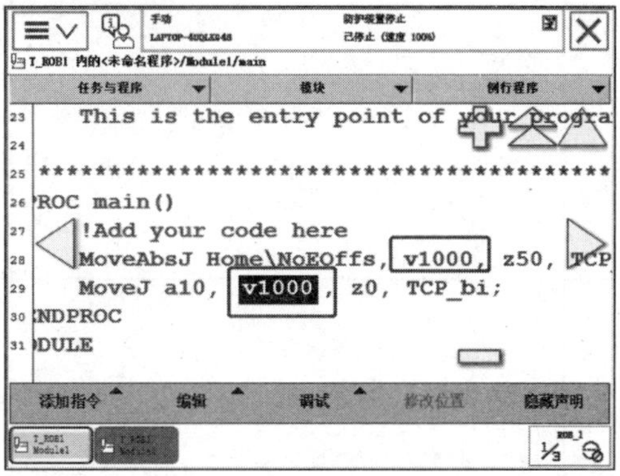
14	在打开的"更改选择"界面中，选择"v500"选项，然后点击"确定"按钮	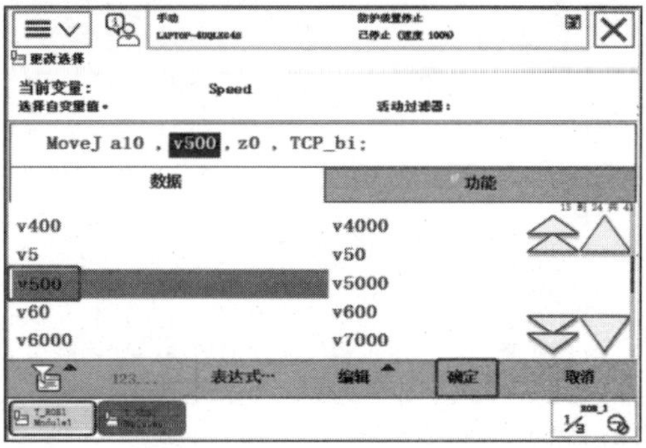
15	点击"添加指令"按钮，在弹出的指令列表中选择"MoveJ"选项	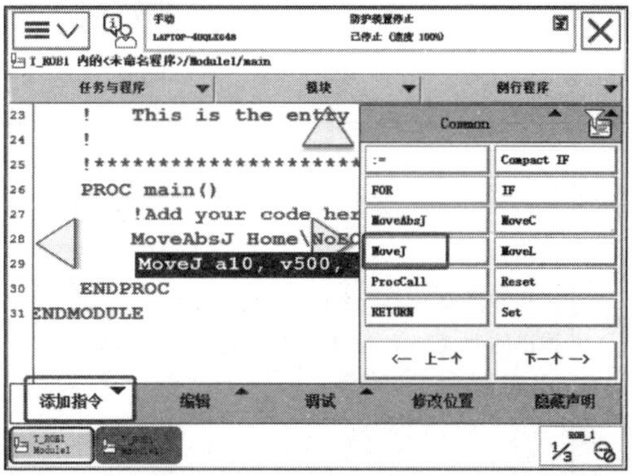

续表

序号	操作说明	图示
16	点击"a20"	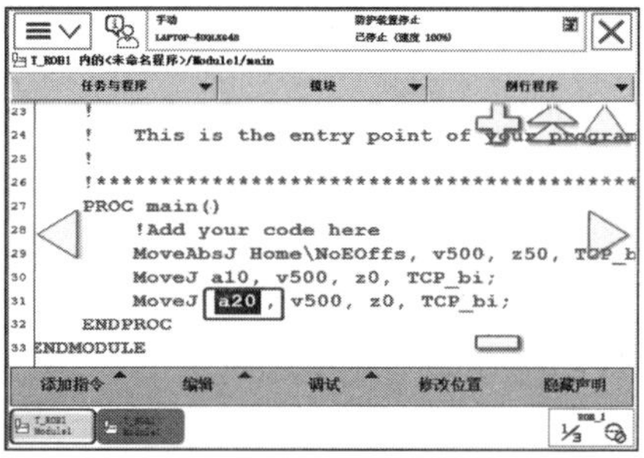
17	在打开的"更改选择"界面中，选择"新建"选项	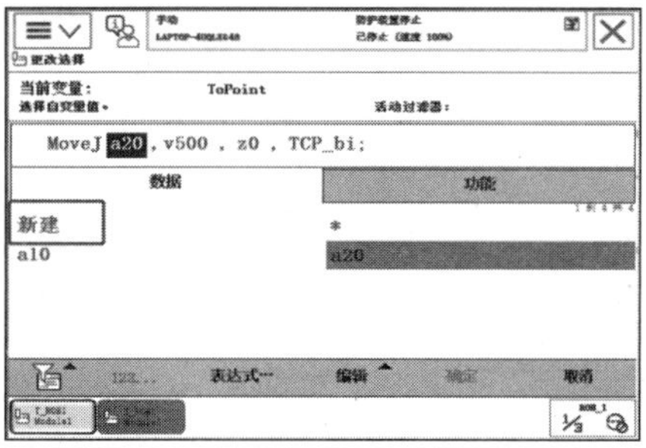
18	在打开的"新数据声明"界面中，将"名称"修改为"p10"，点击"确定"按钮	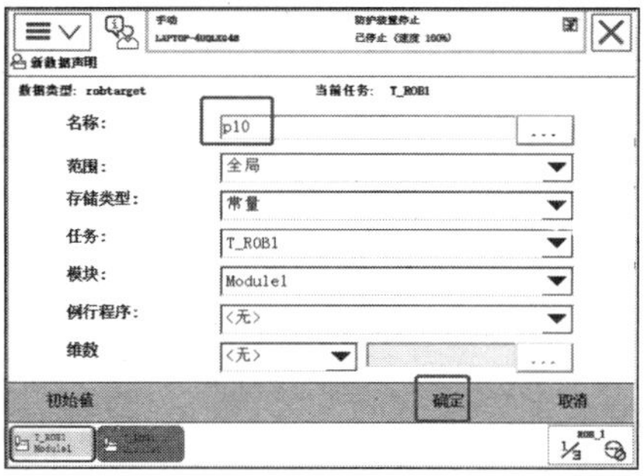
19	按照表 3-4-1 所示程序流程的顺序，继续添加 MoveJ 指令，并按图 3-4-3 所示的点位示教各目标点	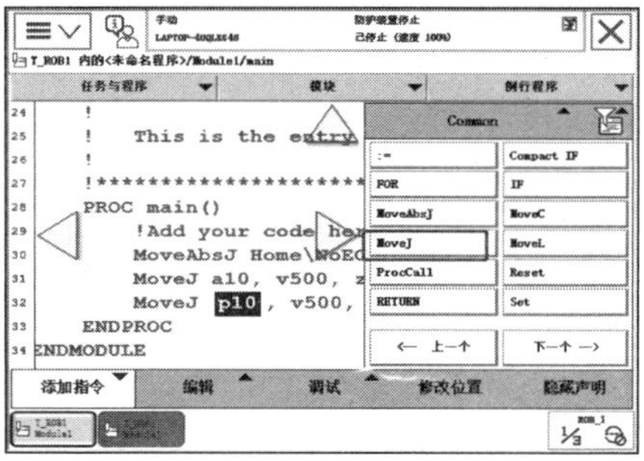
20	添加完所有运动指令后，点击"调试"按钮，在弹出的调试列表中选择"PP 移至 Main"选项	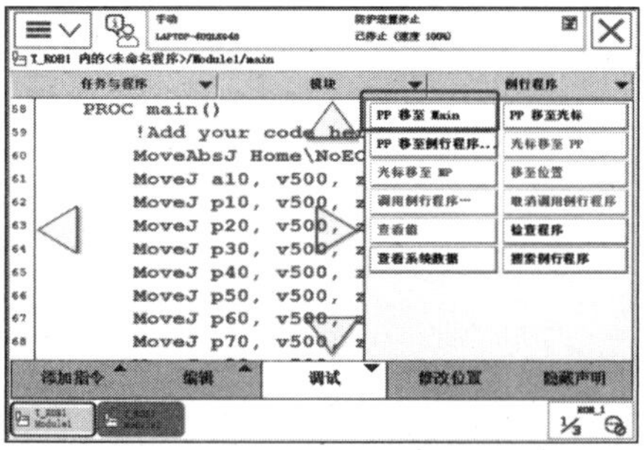

续表

序号	操作说明	图示
21	按下使能按钮，确认电机开启和程序指针的位置，按下示教器"连续"键，进行程序调试	

六、学习评价

完成任务学习后，请同学们对学习结果进行评价，并填写表 3-4-3。

表 3-4-3　任务 3.4 学习结果评价表

序号	评价内容及标准	评价结果
1	能够按要求用示教器添加指令并修改指令参数	□合格　□不合格
2	能够用示教器调试机器人运动到各个目标点位	□合格　□不合格
3	能够用示教器手动调试程序，并成功实现临摹字功能	□合格　□不合格

七、作业小测

1. 简答题

（1）简述 MoveJ 运动指令的参数含义，格式如下：

```
MoveJ p10, v100, z20, tool1\wobj:= wobj1;
```

（2）请写出单步程序调试的步骤。

（3）如何记录或修改目标点的位置数据？

2. 拓展任务

要求程序控制机器人完成"匠"字（图 3-4-5）的临摹任务，包括规划轨迹、标注示教点、设置参数，画出程序流程图，编写程序，并利用仿真软件进行验证，最终进行实操，完成作品。

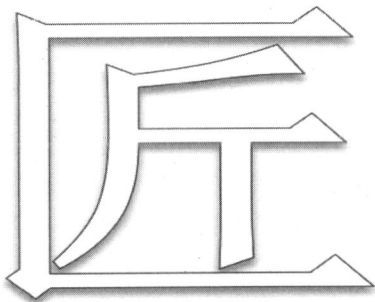

图 3-4-5　临摹字样图

工业机器人绘图

项目情境 ☞

党的二十大报告指出，我们要坚持教育优先发展、科技自立自强、人才引领驱动，加快建设教育强国、科技强国、人才强国，坚持为党育人、为国育才，全面提高人才自主培养质量，着力造就拔尖创新人才，聚天下英才而用之。

某企业创新地利用工业机器人进行生产线的改造，以满足定制化绘图的生产。通过本项目学习，学生能完成运用线性运动指令绘制五角星，运用圆弧指令绘制笑脸，综合运用运动指令合理进行轨迹规划和创意绘图，使用工件坐标进行偏移绘图，使用 FOR 指令实现批量绘图等任务，从而加深学生对机器人绘图工艺的认知，增强学生的探索精神和创新意识，培养创新型技术人才。

任务 4.1　绘制五角星

一、任务描述

请使用线性运动指令完成如图 4-1-1 所示的五角星的规划轨迹，包括选用运动指令、标注示教点、设置指令参数，画出程序流程图，编写程序，并利用仿真软件进行验证，最终进行实操，完成作品。

图 4-1-1　五角星

二、学习目标

- 能够说出线性运动指令 MoveL 的特点、使用方法及使用场合。
- 能够创建例行程序并在例行程序中添加 MoveL 指令。
- 能够分析五角星及多边形轨迹，规划示教点，设计流程图。
- 能够使用线性运动指令 MoveL，并设置相关参数值完成绘制五角星和多边形的任务。

三、导学框图

任务 4.1 的导学框图如图 4-1-2 所示。

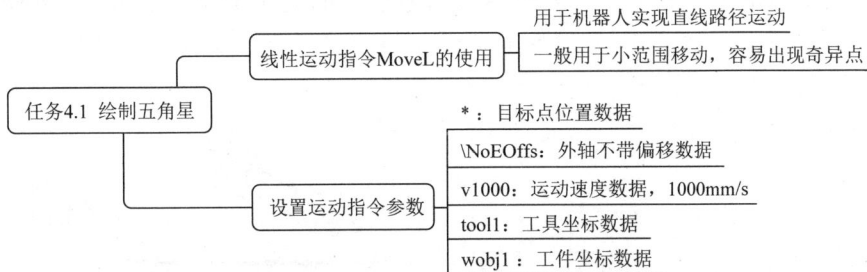

图 4-1-2　任务 4.1 导学框图

四、任务探究

（一）分析轨迹组成，选用线性运动指令规划轨迹，画出流程图

如图 4-1-3 所示，图中五角星主要由＿＿＿＿＿＿条＿＿＿＿＿＿＿＿（线段类型）组成，需要使用机器人线性运动指令＿＿＿＿＿＿＿。绘制流程如图 4-1-4 所示，回到原点需要用绝对位置运动指令＿＿＿＿＿＿，到过渡点一般用关节运动指令＿＿＿＿＿＿。

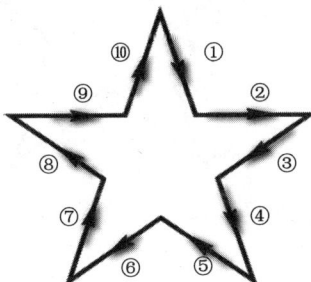

图 4-1-3　五角星的线段组成

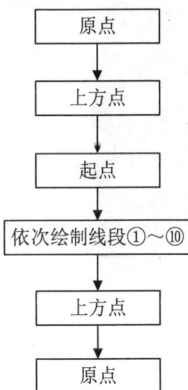

图 4-1-4　绘制流程

（二）线性运动指令 MoveL 的特点

线性运动指令 MoveL 是指示机器人的 TCP 从起点到终点之间的路径始终保持为直线运动的命令。

该指令的特点是在此运动指令下，机器人的运动状态是可控的，运动路径保持唯一，可以非常方便地实现矩形、正方形、直线等平面运动轨迹，一般应用于焊接、涂胶等对路径要求高的场合。

机器人在线性运动过程中可能出现奇异点，常用于机器人在工作状态的移动。

如图 4-1-5 举例：线性运动指令的基本形式为

```
MoveL p20, v100, z0, tool1;
```

需要注意的是，转弯区数据中有 z0 和 fine 两个比较特殊的数据。它们的相同点是机器人都能够精准到达目标点，不同之处在于使用 z0 时，机器人运动到目标点后速度不会降为 0，而使用 fine 时，机器人运动到目标点后速度会降为 0。

如图 4-1-6 所示，该条程序实现的功能是将机器人的工具 TCP（tool1）从当前位置 p10 沿直线运动至给定目标点 p20，速度为 100mm/s，转弯半径为 0mm，工具坐标为 tool1。

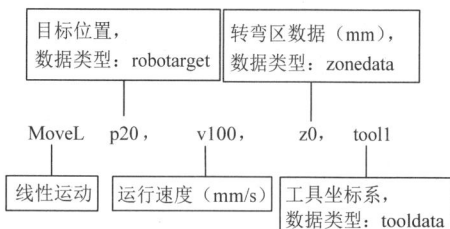

图 4-1-5　线性运动指令的参数说明

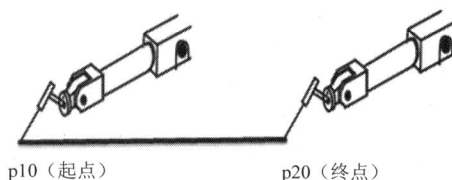

图 4-1-6　线性运动指令的使用示意图

（三）根据线段类型选用相关的指令

如图 4-1-7 所示标注示教点，共_____个轨迹示教点，名称为_____，原点名称为 home，绘图上方点名称为 a10。

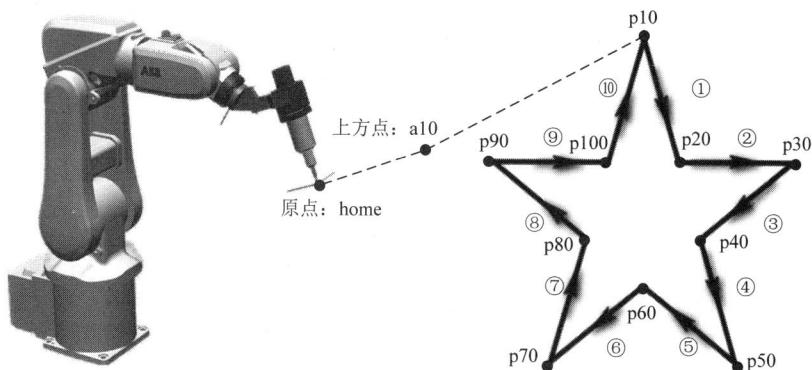

图 4-1-7　五角星的示教点

（四）根据选用指令，选择相应的参数

填写表 4-1-1，一般速度设为 500mm/s，轨迹精准到达的转弯半径设为 z0，其他无精确到达要求的轨迹点可选用转弯半径 z50，画笔的工具坐标名称为 TCP_bi。

表 4-1-1　程序流程分析表

序号	流程	指令	示教点	速度	转弯半径	工具坐标	备注
1	原点	MoveAbsj	home	v500	z50	TCP_bi	
2	上方点	MoveJ	a10	v500	z50	TCP_bi	
3	起点	MoveL	p10	v500	z0	TCP_bi	
4	线段①	MoveL	p20	v500	z0	TCP_bi	
5							
6							
7							

五、任务实施

（一）设定画笔的工具坐标

根据工具坐标的四点设定方法，设定画笔工具坐标，名称为 TCP_bi，平均误差在 1mm 以内。

（二）创建和编写五角星程序

要求创建名为"Huitu"的模块，在主程序"main"中调用绘制五角星例行程序 "star"。具体步骤如表 4-1-2 所示。

表 4-1-2　创建和编写五角星程序的操作步骤

序号	操作说明	图示
1	创建"Huitu"程序模块，在"模块"列表中选择"Huitu"选项，点击"显示模块"按钮	
2	点击"例行程序"按钮	
3	点击"文件"按钮，在弹出的快捷菜单中选择"新建例行程序"选项	

续表

序号	操作说明	图示
4	点击"名称"文本框右侧的"ABC"按钮	
5	在打开的"输入面板"界面，输入主程序名称"main"，点击"确定"按钮	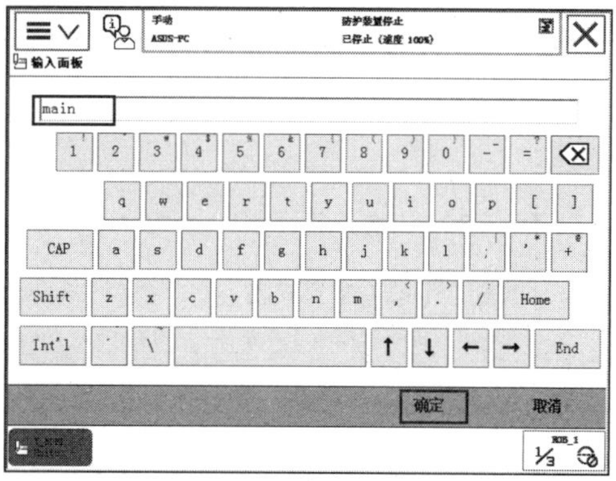
6	参照步骤3~5，创建例行程序"star"	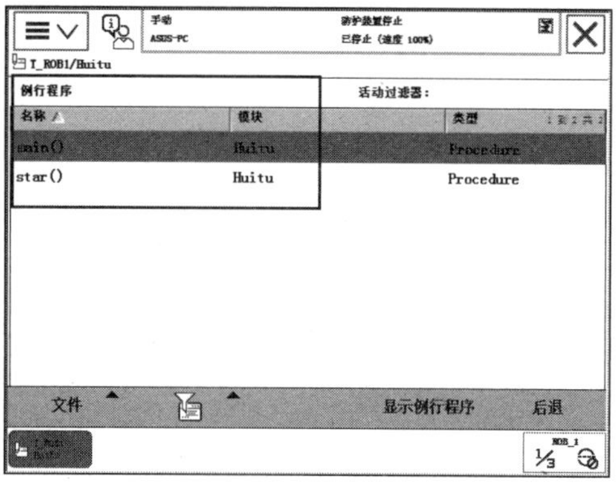
7	在"例行程序"列表中，选择主程序"main"选项，点击"显示例行程序"按钮	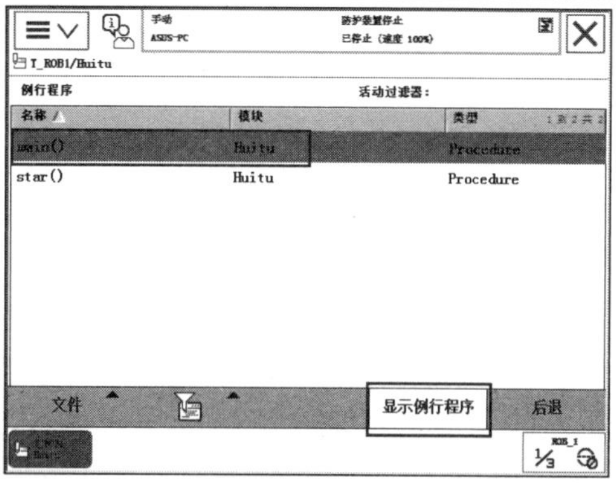

续表

序号	操作说明	图示
8	点击"添加指令"按钮，在弹出的指令菜单中选择"ProCall"调用子程序指令	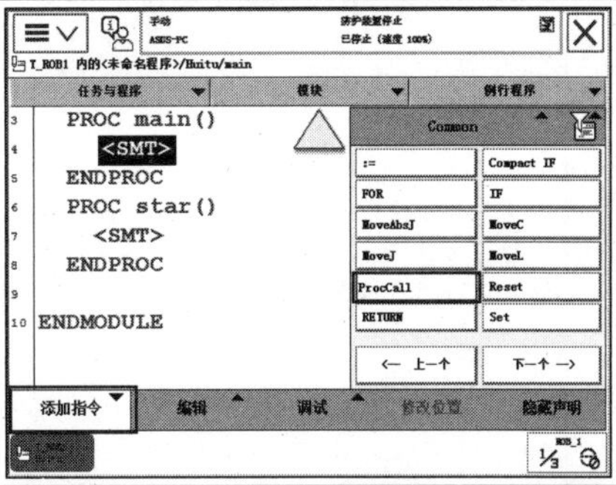
9	选择例行程序"star"，点击"确定"按钮	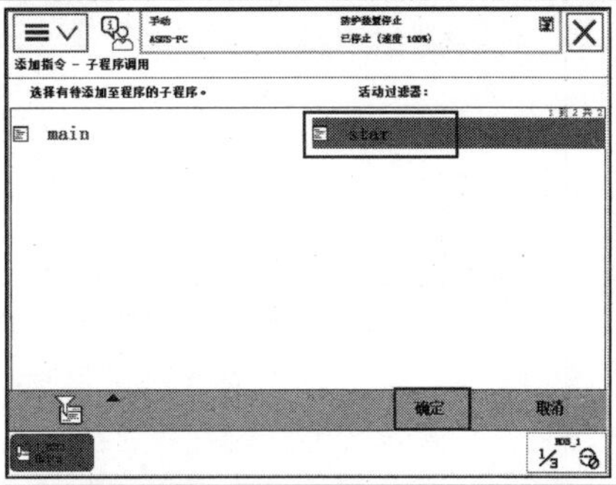
10	完成在主程序"main"中调用例行程序"star"	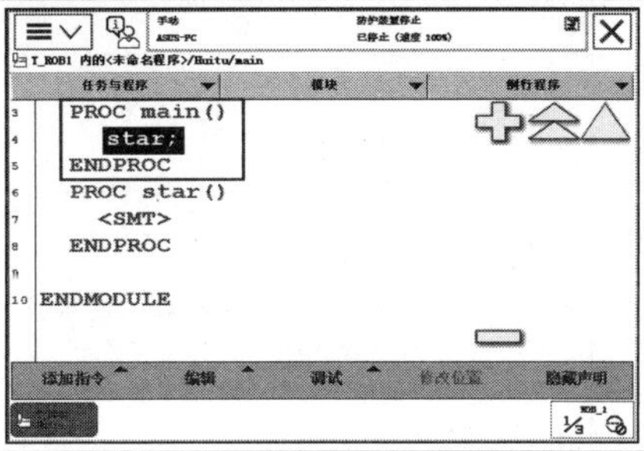

（三）示教五角星绘图的轨迹点

根据表 4-1-1 编写五角星绘制程序，并按图 4-1-7 标注的示教点，手动操纵机器人示教相应的点。具体操作步骤如表 4-1-3 所示。

表 4-1-3 示教五角星绘图轨迹点的操作步骤

序号	操作说明	图示
1	点击"<SMT>"，即可添加指令	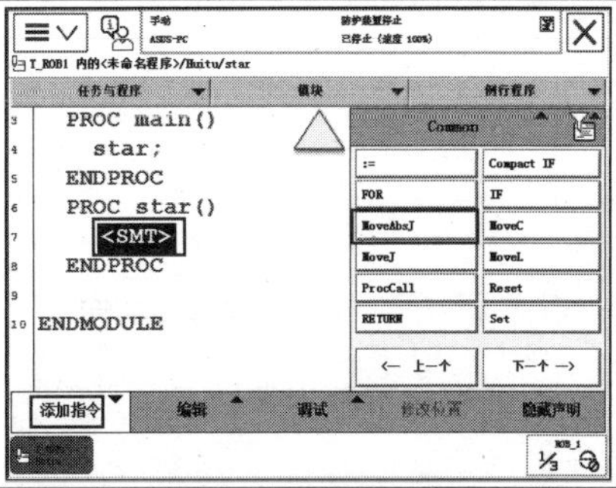

续表

序号	操作说明	图示
2	按照程序流程依次添加原点、上方点和起点的程序，并修改目标点，设置速度、转弯半径、工具坐标等参数	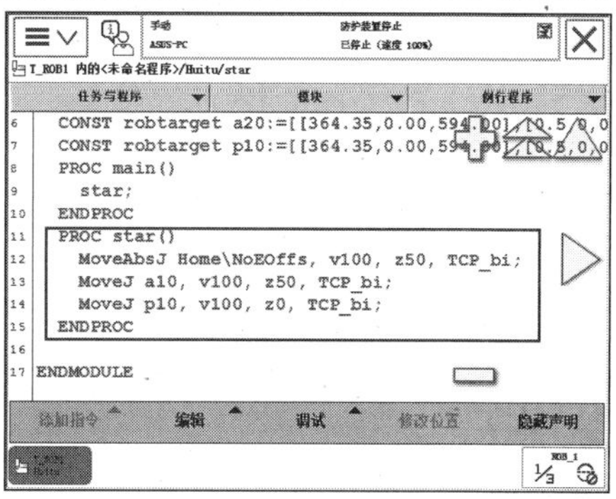
3	点击"添加指令"按钮，在弹出的指令菜单中选择"MoveL"指令，即在程序编辑窗口出现 MoveL 指令	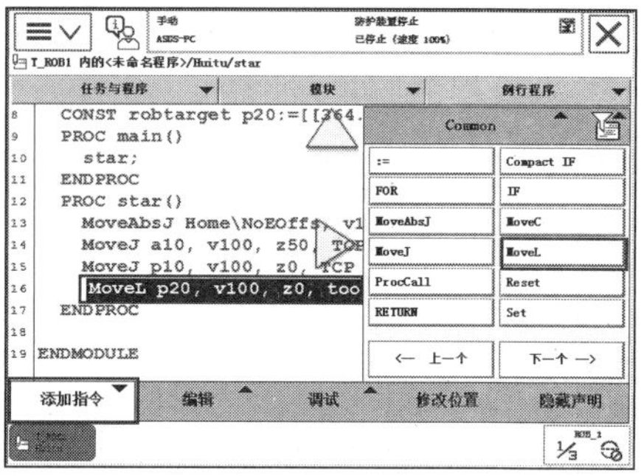
4	根据表 4-1-1 中的参数，依次修改目标点、速度、转弯半径、工具坐标等参数	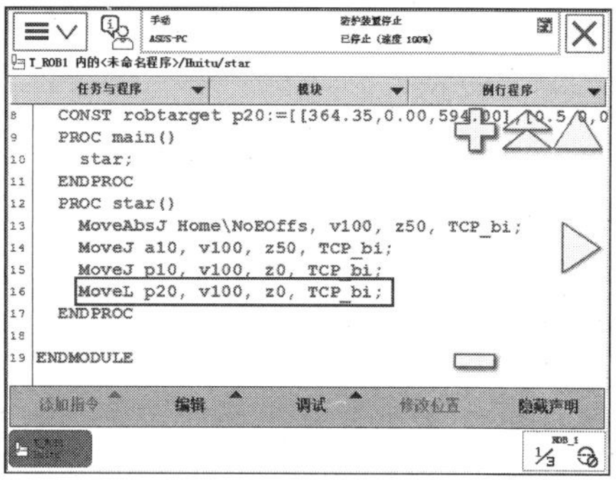
5	同理，按照程序流程添加指令，并按要求修改参数，即完成程序编写	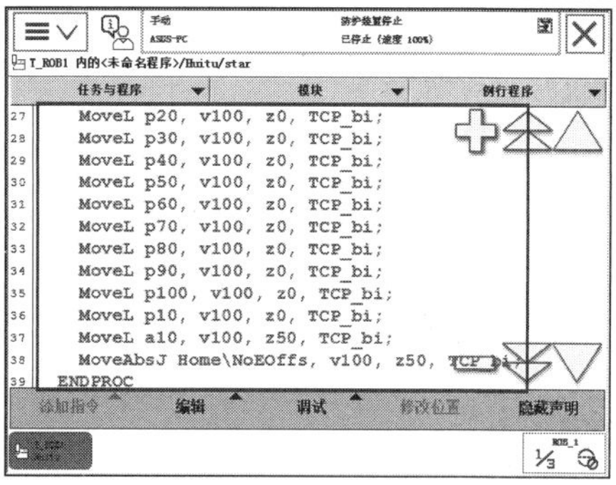

（四）调试与运行五角星程序

在手动模式下单步调试五角星程序，检测无误后手动运行，操作步骤如表4-1-4所示。

表 4-1-4 调试与运行五角星程序操作步骤

操作说明	图示
点击"调试"选项,在弹出的调试菜单中选择"PP 移至 Main"选项,按下"连续"按钮,即可以调试程序	

六、学习评价

完成任务学习后,请同学们对学习结果进行评价,并填写表 4-1-5。

表 4-1-5 任务 4.1 学习结果评价表

序号	评价内容及标准	评价结果
1	能够正确选用线性运动指令,并在示教器中添加指令及设置参数	□合格 □不合格
2	能够根据绘制流程编写五角星程序,并在示教器中创建五角星例行程序"star"	□合格 □不合格
3	能够在绘图纸上完整清晰地绘制五角星,无其他多余线条	□合格 □不合格

七、作业小测

1. 判断题

（1）MoveL 表示机器人的工具原点将沿圆弧运动。 （ ）

（2）当需要修改指令中的某段语句时,只需点击它就可以进入修改界面。 （ ）

（3）线性运动指令是指机器人的 TCP 从起点到终点之间的路径始终为直线。（ ）

（4）如果需要实现标准直角转弯的矩形轨迹时,可以把 MoveL 中的转弯参数设置为 z0。 （ ）

（5）MoveL p10, v200, fine, tool0; 这条指令是错的,因为没有包含直线运动时的转弯区数据。 （ ）

（6）当需要实现标准直角转弯的矩形轨迹时,可以把 MoveL 中的转弯参数设置为 fine。 （ ）

（7）在运动指令中,转弯数据用 fine 表示机器人运动到轨迹点后速度会降为 0。
（ ）

（8）MoveL p10, v200, z50, tool0; 中的 z50 表示直线运动时的转弯区半径。 （ ）

（9）v1000 和 v200 在手动调试时机器人运动的速度是一样的。 （ ）

（10）当机器人到达目标点时,"修改位置"按钮可以临时保存该点的坐标数据。
（ ）

2. 拓展任务

要求用工业机器人绘制正十六边形，请规划轨迹，标注示教点，设置参数，画出程序流程图，编写程序，并利用仿真软件进行验证，最终进行实操，完成作品。

任务 4.2 绘制笑脸

一、任务描述

请使用圆弧运动指令完成如图 4-2-1 所示的笑脸的规划轨迹，包括选用运动指令，标注示教点，设置指令参数，画出程序流程图，编写程序，利用仿真软件进行验证，最终进行实操，完成作品。

图 4-2-1 笑脸图案

二、学习目标

- 能够说出 MoveC 运动指令的特点、使用方法及使用场合。
- 能够创建例行程序并在例行程序中添加 MoveC 指令。
- 能够分析笑脸轨迹，规划示教点，设计流程图。
- 能够使用 MoveC 圆弧运动指令，并设置相关参数值完成绘制笑脸任务。
- 能够根据流程要求，编辑修改程序。

三、导学框图

任务 4.2 的导学框图如图 4-2-2 所示。

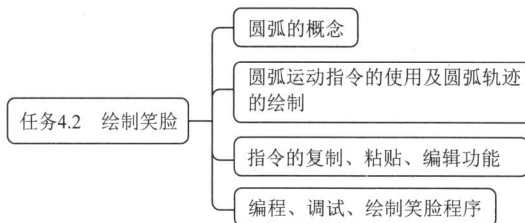

图 4-2-2 任务 4.2 导学框图

四、任务探究

（一）分析轨迹组成、选用圆弧运动指令规划轨迹，画出流程图

如图 4-2-3 所示的笑脸主要是由_____个圆、_____条圆弧组成，需要使用机器人圆弧运动指令_____。同时，回到原点需要用绝对位置运动指令_____，到过渡点一般用关节运动指令_____。

在绘制笑脸过程中，需要抬笔作为过渡，否则会在图纸留下多余笔迹。抬笔动作相当于增加机器人工作的上方点。因此，在每一段不连接的线段之间需要增加上方点，共需要_____个上方点。绘制流程如图 4-2-4 所示。

图 4-2-3 笑脸的线段组成

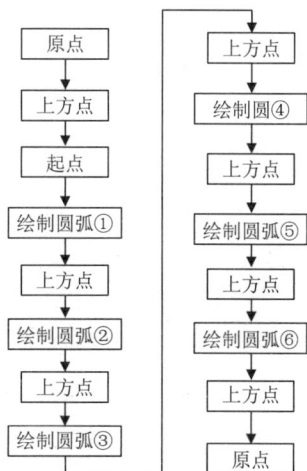

图 4-2-4 绘制流程

（二）圆弧运动指令 MoveC 的特点

圆弧运动指令 MoveC 是指示机器人沿弧形轨道以定义的速度将 TCP 移动至目标点。

圆弧运动是在机器人可到达的控件范围内定义三个位置点，第一个点是圆弧的起点，第二个点（中间点）用于确定圆弧的曲率，第三个点（目标点）是圆弧的终点。

起点、中间点与目标点三点决定一段圆弧，上一条指令以精确定位方式到达的目标点可以作为起点，中间点是所绘制圆弧的中间点。

圆弧运动指令 MoveC 的特点是在执行圆弧运动指令 MoveC 时，机器人运动状态可控，运动路径保持唯一，因此 MoveC 指令常用于机器人在工作状态移动。

起点、中间点和目标点在空间的一个平面上，为了准确地确定这个平面，三个点之间离得越远越好。

运动指令 MoveC 的参数说明如图 4-2-5 所示。

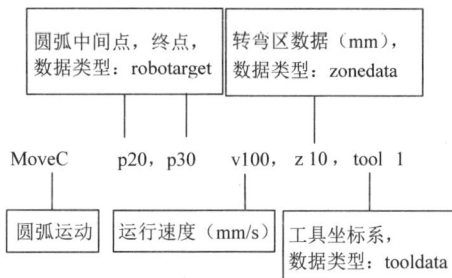

图 4-2-5 圆弧运动指令的参数说明

作用：将机器人 TCP 沿圆弧运动至给定目标点。

绘制如图 4-2-6 所示圆弧的示例程序：

```
        MoveL   p10, v1000, z10, tool1\wobj:=wobj1;
        MoveC   p20, p30,v1000, z10, tool1\wobj:=wobj1;
```

（三）用 MoveC 指令画一个完整的圆

MoveC指令只能绘制不大于240°的圆弧。一个圆需要分成两段圆弧来绘制，需要用到两个MoveC指令。如图4-2-7所示，p10、p20、p30形成第一段圆弧，p30、p40、p10形成第二段圆弧。

作用：绘制一个圆。

示例程序：

```
        MoveL   p10, v500, fine, tool1;
        MoveC   p20, p30, v500, z0, tool1;
        MoveC   p40, p10, v500, fine, tool1;
```

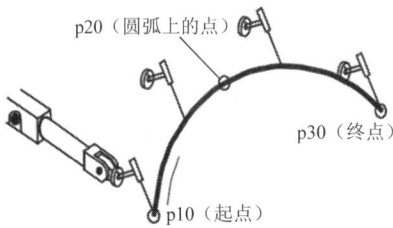

图 4-2-6　圆弧运动指令的使用示意图

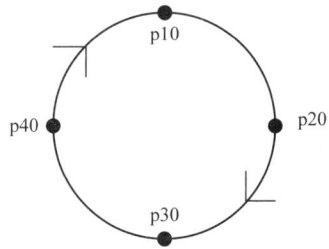

图 4-2-7　圆的绘制方法

（四）根据线段类型选用相关的指令

在图 4-2-8 中继续完成示教点的标注，共_____个轨迹示教点，名称为_____，原点名称为 home，绘图上方点名称为 a10。

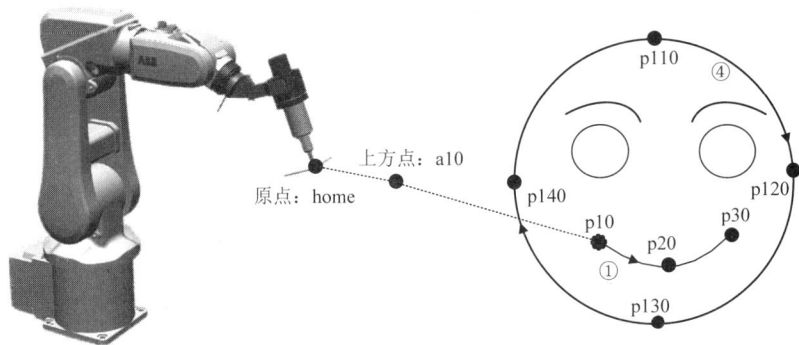

图 4-2-8　笑脸的示教点

（五）根据选用指令，选择相应的参数

填写表 4-2-1，一般速度设为 500mm/s，轨迹精准到达的转弯半径设为 z0，其他无精准到达要求的轨迹点可选用转弯半径 z50，画笔的工具坐标名称为 TCP_bi。

表 4-2-1　程序流程分析表

序号	流程	指令	示教点	速度	转弯半径	工具坐标	备注
1	原点	MoveAbsJ	Home	v500	z50	TCP_bi	
2	上方点	MoveJ	a10	v500	z50	TCP_bi	
3	起点	MoveL	p10	v500	z0	TCP_bi	
4	线段①	MoveC	p20，p30	v500	z0	TCP_bi	
5	上方点	MoveL	a10	v500	z50	TCP_bi	
6	起点	MoveL	P110	v500	z0	TCP_bi	
7	线段④	MoveC	P120，p130	v500	z0	TCP_bi	
8	线段④	MoveC	P140，p110	v500	z0	TCP_bi	
9							

五、任务实施

（一）设定画笔的工具坐标

根据工具坐标的四点设定方法，设定画笔工具坐标，名称为 TCP_bi，平均误差在 1mm 以内。

（二）创建和编写绘制笑脸程序

要求创建 "smile" 例行程序绘制笑脸，并在主程序 "main" 中调用绘制笑脸例行程序。

（三）示教绘图笑脸的示教点

按图 4-2-8 的示教点标注，手动操纵机器人示教相应的点。

（四）调试与运行笑脸程序

在手动模式下单步调试笑脸程序，检测无误后手动运行。

六、学习评价

完成任务学习后，请同学们对学习结果进行评价，并填写表 4-2-2。

表 4-2-2　任务 4.2 学习结果评价表

序号	评价内容及标准	评价结果
1	能够正确选用圆弧运动指令，并在示教器中添加指令及设置参数	□合格　□不合格
2	能够根据绘制流程编写笑脸程序，并在示教器中创建笑脸例行程序 "smile"	□合格　□不合格
3	能够在绘图纸上完整清晰地绘制笑脸，无其他多余线条	□合格　□不合格

七、作业小测

1. 判断题

（1）当需要实现一个标准的正圆运动轨迹时可以用 MoveC，也可以用 MoveL 实现，

但是采用 MoveL 更佳。　　　　　　　　　　　　　　　　　　　　　　　（　　）

（2）MoveC 运动指令所执行的是标准的正圆运动。　　　　　　　　　（　　）

（3）当机器人从圆弧一点到达另一点时，采用的最佳指令是 MoveJ，可最大限度地避免机械奇异点。　　　　　　　　　　　　　　　　　　　　　　　（　　）

（4）IRB120 型工业机器人共包括线性运行、关节运动、圆弧运动三种运动模式。

　　　　　　　　　　　　　　　　　　　　　　　　　　　　　　　　　（　　）

（5）机器人作圆弧运动指令时包含两个点，一个作为起点，另一个作为终点。

　　　　　　　　　　　　　　　　　　　　　　　　　　　　　　　　　（　　）

（6）程序编辑器只有在手动模式下才可以对 MoveC 指令进行编辑。　　（　　）

（7）在手动运行模式下 MoveC 指令只需单步调试一次即可到达结束点。　（　　）

（8）MoveC p10, p20, v200, z50, tool0;这段程序是正确的。　　　　　　（　　）

2. 拓展任务

要求用工业机器人绘制创意笑脸，请先自行设计笑脸的五官，然后规划轨迹，标注示教点，设置参数，画出程序流程图，编写程序，利用仿真软件进行验证，最终进行实操，完成作品。

任务 4.3 ┃ 创 意 绘 图

一、任务描述

请综合运用运动指令完成创意绘图（图 4-3-1）的规划轨迹，包括选用运动指令、标注示教点、设置指令参数，画出程序流程图，编写程序，利用仿真软件进行验证，最终进行实操，完成作品。

图 4-3-1　创意绘图

二、学习目标

- 能够说出四种运动指令的特点、使用方法及使用场合。
- 能够说出四种运动指令的区别，并正确选用。
- 能够分析线条图形的轨迹，规划示教点，设计流程图。
- 能够使用运动指令，设置相关参数值，完成创意绘图的编程和调试任务。

三、导学框图

任务 4.3 的导学框图如图 4-3-2 所示。

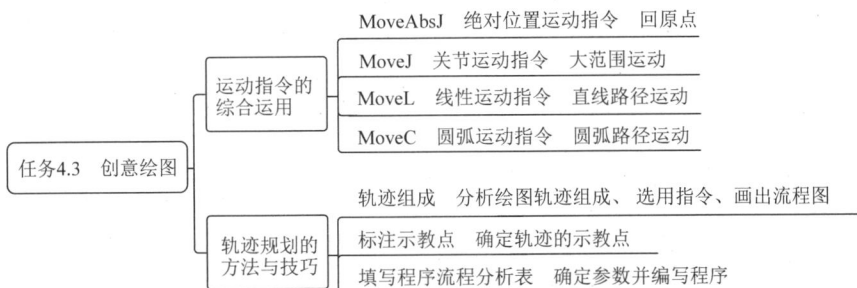

图 4-3-2　任务 4.3 导学框图

四、任务探究

（一）分析轨迹组成、选用运动指令规划轨迹，画出流程图

如图 4-3-1 所示，分析轨迹组成，确定轨迹的线段类型：_____条直线、_____条圆弧，_____条其他线段。请在图 4-3-3 的虚线框中画出轨迹的执行流程。

（二）运动指令的特点与使用场合分别是什么

MoveAbsJ 与另外三个运动指令的区别

工业机器人利用 MoveAbsJ 和 MoveJ 实现姿态 1 到姿态 2 的运动，如图 4-3-4 所示，MoveAbsJ 的目标点分别是 home 和 home10，MoveJ 的目标点分别是 p10 和 p20。利用调试菜单的查看值，可查看目标点的值，如图 4-3-5 和图 4-3-6 所示。

图 4-3-3　绘制轨迹的执行流程

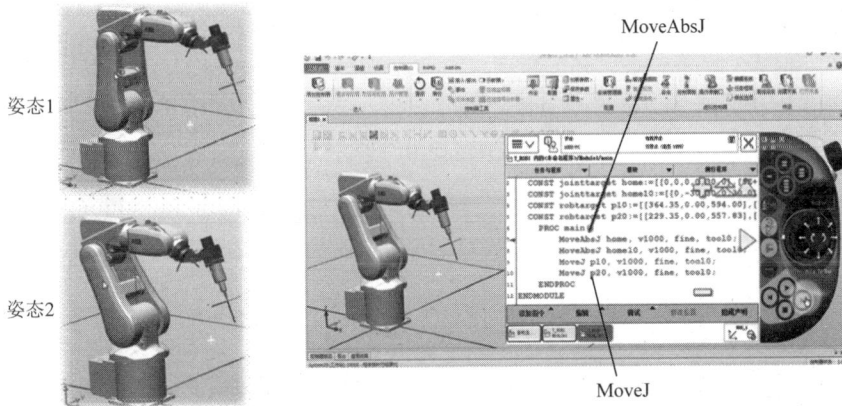

图 4-3-4　MoveAbsJ 指令与其他指令的区别

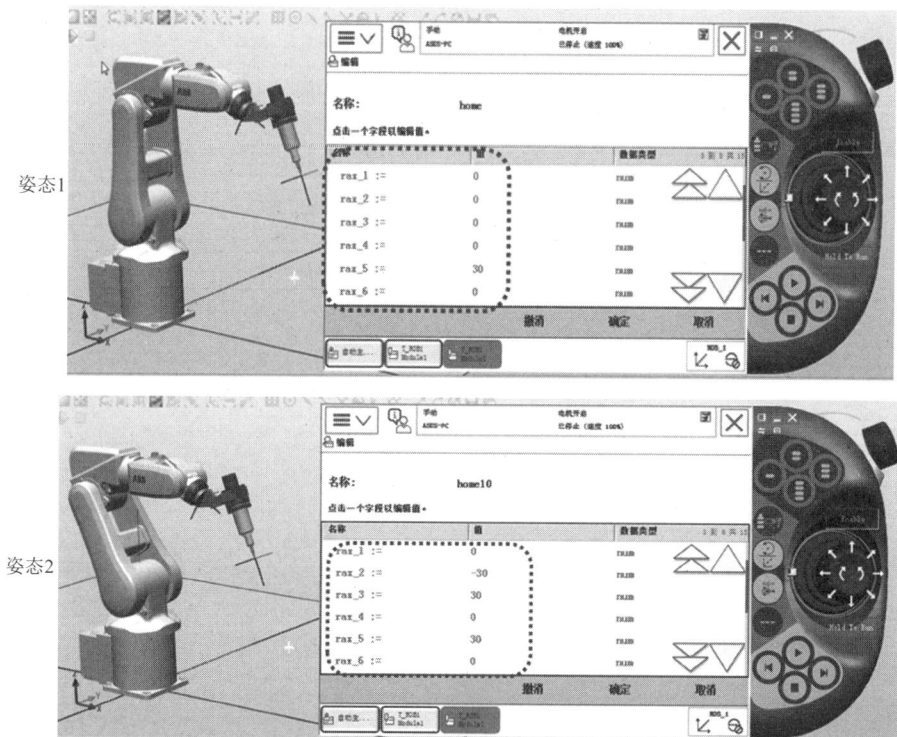

姿态1

姿态2

图 4-3-5　MoveAbsJ 指令的目标点查看值

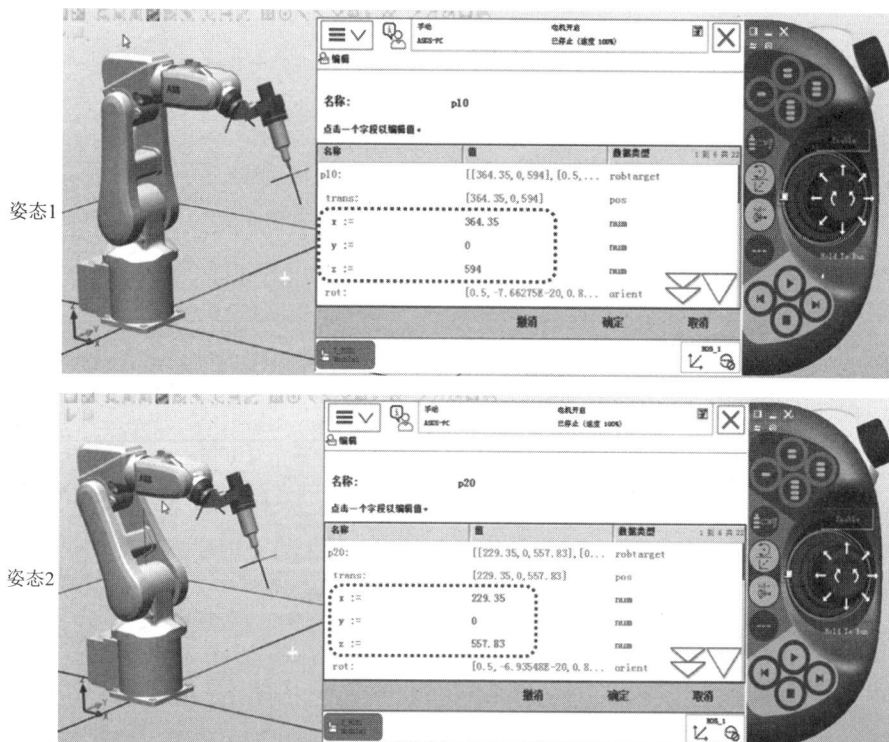

姿态1

姿态2

图 4-3-6　MoveJ 指令的目标点查看值

因此，MoveAbsJ 与其他三个指令的区别是：其他三个指令存储的 TCP 点是相对应坐标系上的空间位置，即坐标值；MoveAbsJ 存储的是机器人 1～6 轴的关节角度。

MoveJ 和 MoveL 指令的区别见图 4-3-7。其中，MoveJ 关节运动指令，以最优姿态移动到目标点，不容易出现奇异点问题，一般用于大范围的快速运动、运动轨迹无法精确预测；MoveL 线性指令，以直线移动到目标点，运动状态是可控的，运动路径保持唯一，一般用于矩形、正方形等直线轨迹，可能出现奇异点。

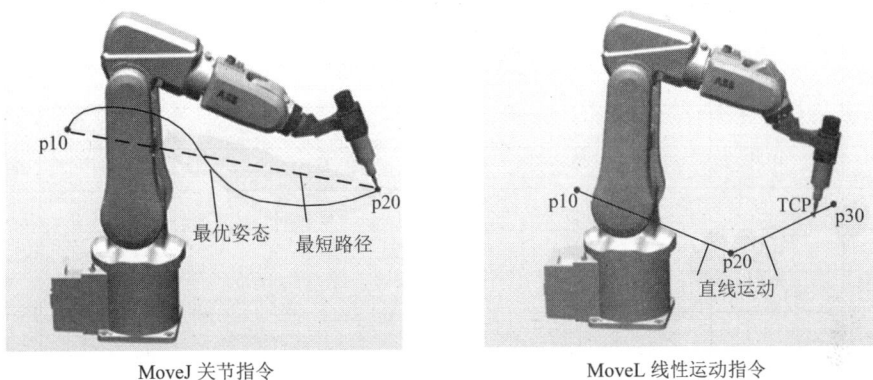

图 4-3-7　MoveJ 和 MoveL 指令的区别

请根据四种运动指令的特点和使用场合的区别判断相关的指令及指令名称，并填写表 4-3-1。

表 4-3-1　四种运动指令的区别总结表

指令				
名称				
功能特点	设定六轴的角度	以最快、最优姿态移动到目标点	以直线到达目标点	三点确定一段圆弧
使用场合	回原点	对路径没有要求的大范围移动	直线	圆弧、圆

（三）根据线段类型选用相关的指令

如图 4-3-8 所示，在图中标注示教点，共_____个轨迹示教点，名称为_____，原点名称为 home，绘图上方点名称为 a10。

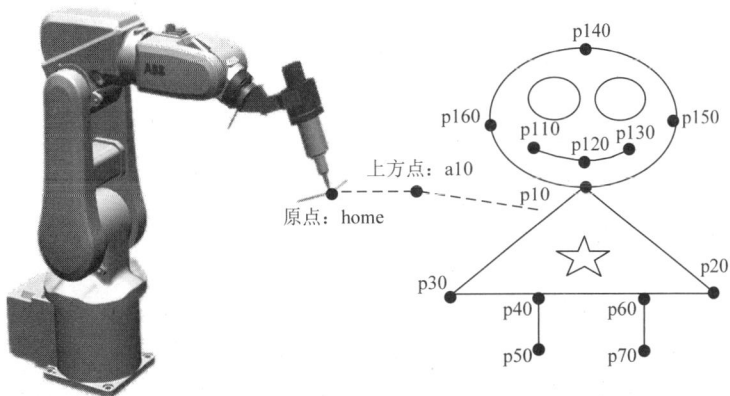

图 4-3-8　创意绘图的示教点

（四）根据选用指令，选择相应的参数

填写表 4-3-2，一般速度为 500mm/s，要求轨迹精准到达的转弯半径设为 z0，其他无要求的可选用转弯半径 z50，画笔的工具坐标名称为 TCP_bi。

表 4-3-2　程序流程分析表

序号	流程	指令	示教点	速度	转弯半径	工具坐标	备注
1							
2							
3							
4							
5							
6							
7							
8							
9							
10							
11							
12							

五、任务实施

（一）设定画笔的工具坐标

根据工具坐标的四点设定方法，设定画笔工具坐标，名称为 TCP_bi，平均误差在 1mm 以内。

（二）创建和编写创意绘图程序

要求创建"chuangyi"例行程序绘制创意图案，并在主程序 main 中调用创意绘图例行程序。

（三）示教创意绘图的示教点

按图 4-3-8 的示教点标注，手动操纵机器人示教相应的点。

（四）调试与运行创意绘图程序

在手动模式下单步调试创意绘图程序，检测无误后手动运行。

六、学习评价

完成任务学习后，请同学们对学习结果进行评价，并填写表 4-3-3。

表 4-3-3 任务 4.3 学习结果评价表

序号	评价内容及标准	评价结果
1	能够根据工作要求，正确选用运动指令	□合格　□不合格
2	能够合理规划轨迹，标注示教点，编写程序并完成绘图设计方案	□合格　□不合格
3	能够正确绘制创意图案，无其他多余线条	□合格　□不合格

七、作业小测

1. 判断题

（1）机器人在做大范围运动时，使用 MoveJ 指令更容易遇到机械奇异点。　（　　）

（2）机器人作圆弧运动指令时包含两个点，一个作为起点，另一个作为终点。

　（　　）

（3）MoveJ p10,v1000,z50,tool0;其中的 v1000 表示速度，在调试中机器人将以该速度运行。　（　　）

（4）采用较大幅度的 MoveJ 运动指令时，机器人的运动路径是难以预测的。（　　）

（5）当需要实现标准直角转弯的矩形轨迹时，可以把 MoveL 指令中的转弯参数设置为 fine。　（　　）

（6）当需要实现一个标准的正圆运动轨迹时，可以用 MoveC 指令实现，也可以用 MoveL 指令实现，但是采用 MoveC 指令更佳。　（　　）

（7）MoveAbsJ 指令中的*作为目标点，可以修改其保存的轴关节数据。（　　）

（8）在添加机器人运动指令时应该先确认机器人的工具坐标和工件坐标设置。

　（　　）

（9）只有在自动运行模式下机器人才会以程序中的速度来运行。　（　　）

2. 拓展任务

要求用工业机器人进行创意绘图，图案自定，请完成规划轨迹、标注示教点、设置参数、画出程序流程图、编写程序等任务，并利用仿真软件进行验证，最终进行实操，完成作品。

任务 4.4 斜面绘图

一、任务描述

由于绘图生产线改造，原有的平面绘图需要调整为斜面绘图，如图 4-4-1 所示。但是，在斜面示教点时发现操作比较麻烦，很难让画笔在斜面上进行平行于斜面的移动，每次都需要重新调整示教点的位置。请查阅相关资料，找到实现机器人带动画笔快速地在斜面上进行平行于斜面移动的方法，并完成绘图轨迹目标点的示教。

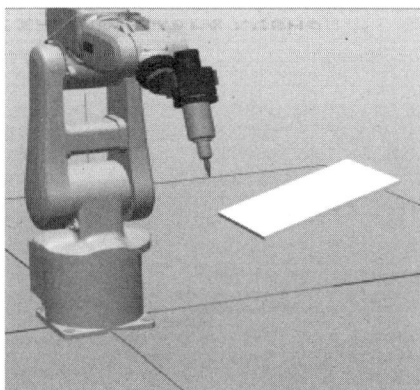

图 4-4-1　斜面绘图

二、学习目标

- 能够说出工件坐标定义、设定方法、使用场合。
- 能够按照工件坐标的设定方法，正确设定工件坐标。
- 能够利用工件坐标作为坐标系在斜面快速示教。

三、导学框图

任务 4.4 的导学框图如图 4-4-2 所示。

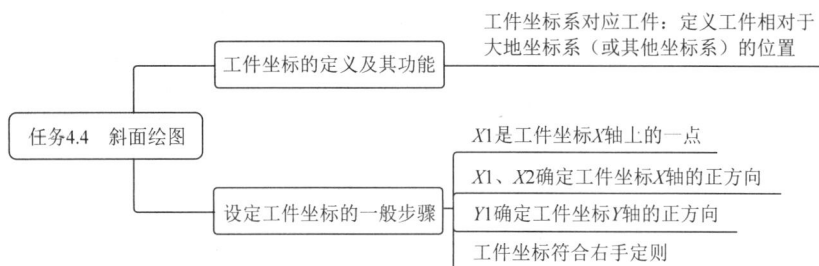

图 4-4-2　任务 4.4 导学框图

四、任务探究

（一）什么是工件坐标

工件坐标系对应工件，其定义位置是工件相对于大地坐标系（或其他坐标系）的位置。机器人可以拥有若干工件坐标系，表示不同工件，或者表示同一工件在不同位置的若干副本。如图 4-4-3 所示，用户坐标和目标坐标就属于工件坐标。

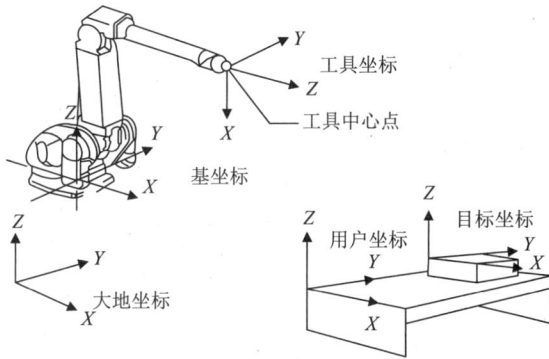

图 4-4-3　工业机器人坐标系示意图

（二）如何设定工件坐标

工件坐标设定方法：在对象的平面上，只需要定义三个点，就可以建立一个工件坐标。如图 4-4-4 所示：$X1$ 确定工件坐标的原点；$X1$、$X2$ 确定工件坐标系 x 轴的正方向；$Y1$ 确定工件坐标系 y 轴的正方向。工件坐标符合右手定则，如图 4-4-5 所示。

图 4-4-4　工件坐标设定方法示意图

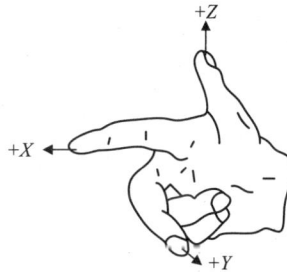

图 4-4-5　右手定则

设定工件坐标的操作步骤如表 4-4-1 所示。

表 4-4-1　设定工件坐标的操作步骤

序号	操作说明	图示
1	在"手动操纵"界面中，选择"工件坐标"选项	

续表

序号	操作说明	图示
2	点击"新建"按钮	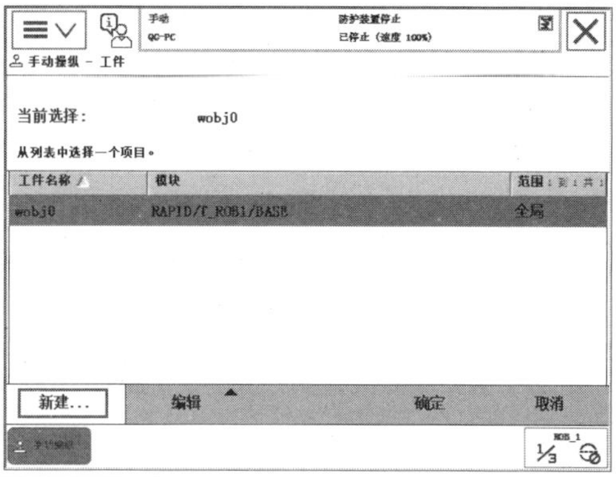
3	设定工件数据属性后，点击"确定"按钮	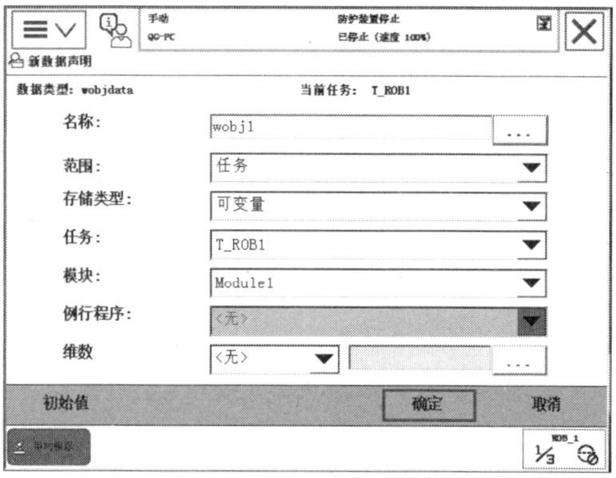
4	点击"编辑"按钮，在弹出的"编辑"菜单中选择"定义"选项	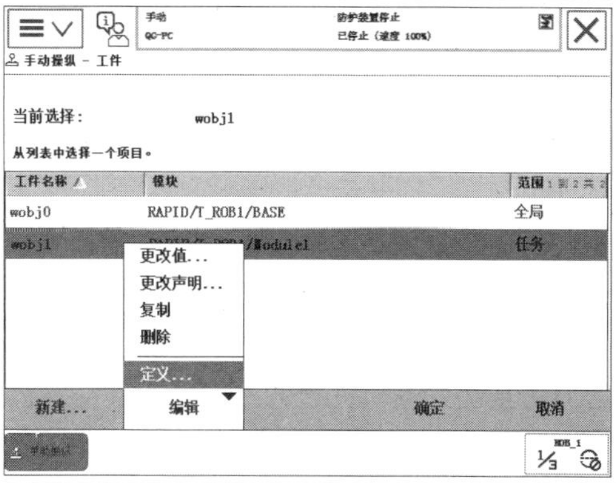
5	将"用户方法"设定为"3点"	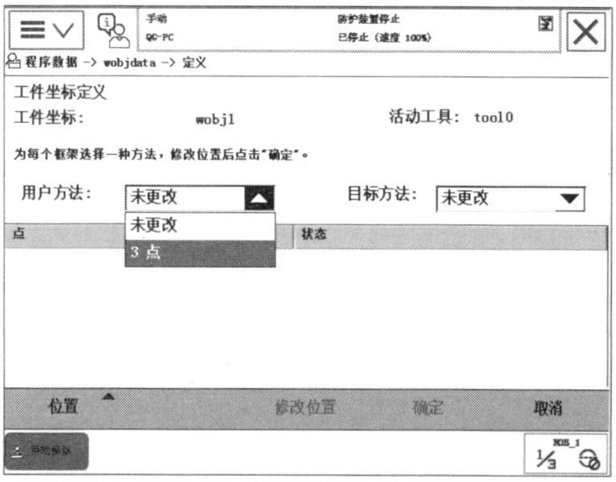

续表

序号	操作说明	图示
6	手动操作机器人的工具参考点靠近定义工件坐标的 $X1$ 点	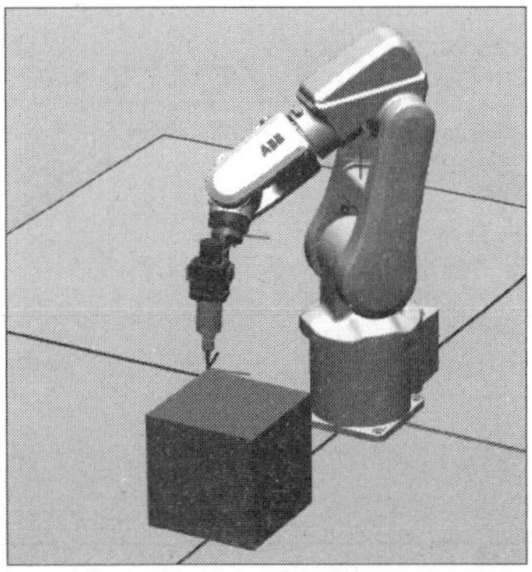
7	点击"修改位置"按钮，将 $X1$ 点记录下来	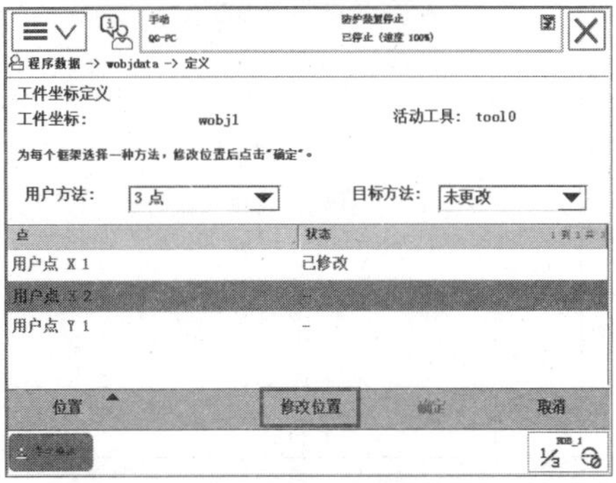
8	手动操作机器人的工具参考点靠近定义工件坐标的 $X2$ 点，然后在示教器中完成其位置修改	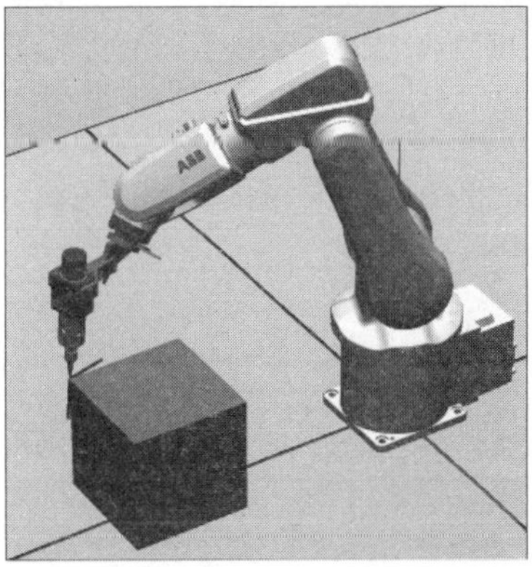
9	手动操作机器人的工具参考点靠近定义工件坐标的 $Y1$ 点，然后在示教器中完成位置修改	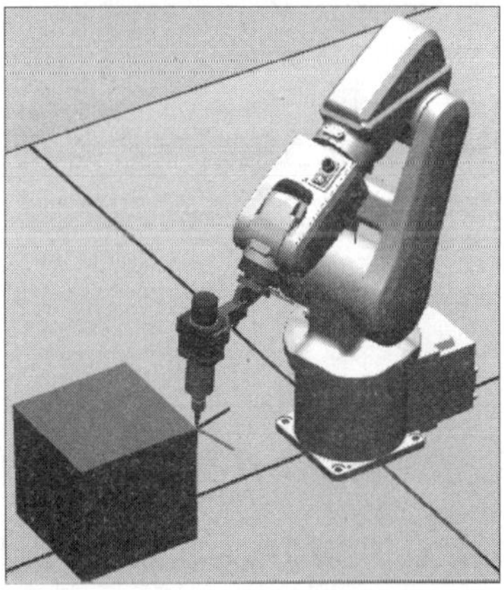

续表

序号	操作说明	图示
10	点击"确定"按钮	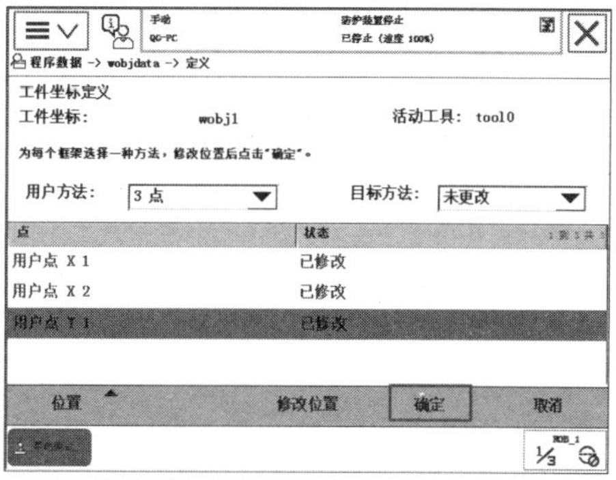
11	对工件位置进行确认后，点击"确定"按钮	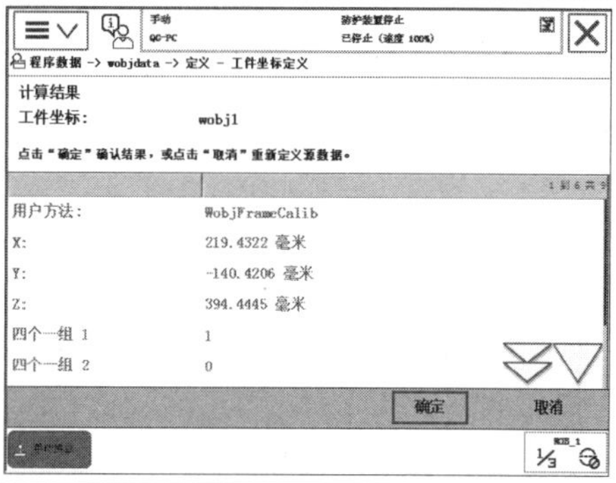
12	在"工件名称"中，选择"wobj1"选项，然后单击"确定"按钮	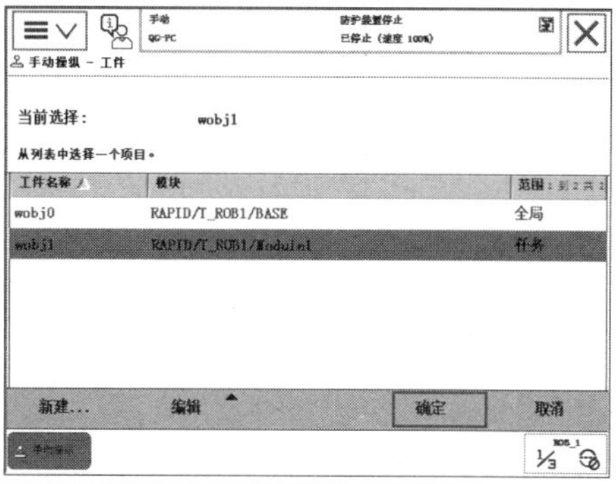
13	按照右图所示进行属性更改，坐标系选择新创建的工件坐标系，使用线性动作模式，观察画笔在工件坐标系下移动的方式	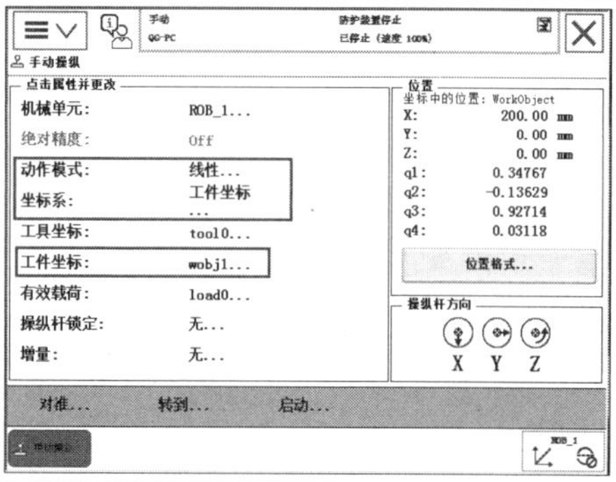

（三）如何选用工件坐标作为坐标系进行示教

一般默认的坐标系为基坐标，因此使用线性模式手动操纵机器人时是以基坐标的方向为参考进行移动的。如图 4-4-6 所示，wobj0 即为基坐标。

用三点法在斜面创建工作坐标"wobj1"，将机器人手动操纵中的"坐标系"改为"工件坐标"（图 4-4-7），即可以在斜面上快速示教。

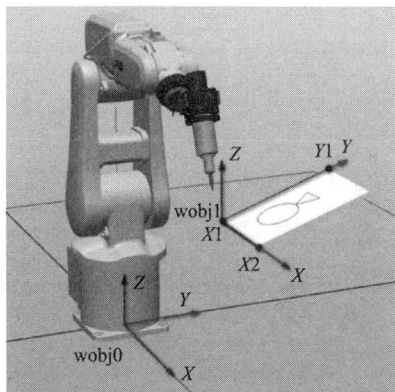

图 4-4-6　工件坐标系示意图

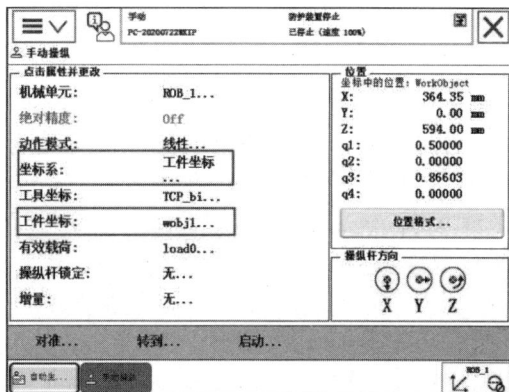

图 4-4-7　选用工件坐标"wobj1"

五、任务实施

（一）设定画笔的工具坐标

根据工具坐标的四点设定方法，设定画笔工具坐标，名称为 TCP_bi，平均误差在 1mm 以内。

（一）设定工件坐标

创建斜面工件坐标"wobj1"，利用 wobj1 进行绘图的示教。

（三）编写和示教斜面绘图程序

参照任务 4.3 的任务探究，自行描出轨迹的示教点，选择合适的运动指令，示教轨迹点，完成斜面绘图程序的编写。

（四）调试与运行程序

在手动操纵模式下单步调试绘图程序，检测无误后手动运行程序。

六、学习评价

完成任务学习后，请同学们对学习结果进行评价，并填写表 4-4-2。

表 4-4-2　任务 4.4 学习结果评价表

序号	评价内容及标准	评价结果
1	能够根据工作要求合理设定工件坐标	□合格　□不合格
2	能够正确选用工件坐标在斜面进行示教，要求线性操纵机器人时能沿着斜面移动	□合格　□不合格
3	能够在斜面绘图纸上完整清晰绘制图案，无其他多余线条	□合格　□不合格

七、作业小测

1. 判断题

（1）工业机器人的默认工件坐标中心点位于机器人最顶端的位置。（　　）

（2）一般工业机器人在出厂后是没有设置工件坐标的，在使用时需要设置。（　　）

（3）工业机器人的工件坐标一定要设置在水平面上。（　　）

（4）工业机器人的工件坐标定义有四点法、五点法和六点法三种。（　　）

（5）在定义工业机器人的工件坐标时，Z 轴的方向可以是任意的。（　　）

（6）为实现某个复杂的功能，可对一台工业机器人同时定义多个工件坐标。（　　）

（7）定义工件坐标后，当工具的位置产生了变化，相应的程序也需要作出改变。

（　　）

（8）工业机器人的工件坐标是定义工件相对于大地坐标的位置。（　　）

（9）工业机器人可以拥有多个工件坐标系，或者表示不同的工件。（　　）

（10）工业机器人只能拥有一个工件坐标系，或者表示不同的工件。（　　）

2. 拓展任务

在机器人左右两侧分别放置一块斜面板，要求在两块斜面板上绘制相同的创意图案，图案自定，包括分别设定两块斜面板的工件坐标、规划轨迹、标注示教点、设置参数、画出程序流程图、编写程序、利用仿真软件进行验证，最终进行实操，完成作品。

任务 4.5　偏移绘图

一、任务描述

由于绘图生产线改造，原有的平面绘图需要偏移并调整为斜面绘图，如图 4-5-1 所示。完成平面绘图的程序调试后，在不需要重新示教轨迹点的情况下，直接将平面轨迹整体偏移到斜面上，即在斜面绘制一模一样的图案。

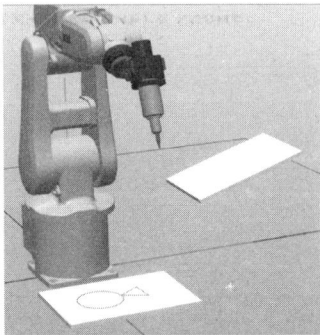

图 4-5-1　偏移绘图

二、学习目标

- 能够说出使用工件坐标进行轨迹偏移的原理。
- 能够使用工件坐标进行偏移绘图。

三、导学框图

任务 4.5 的导学框图如图 4-5-2 所示。

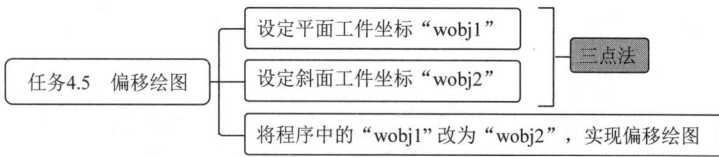

图 4-5-2　任务 4.5 导学框图

四、任务探究

（一）工件坐标的优点是什么

在机器人进行编程时使用工件坐标系创建目标和路径，具有以下优点：

（1）重新定位工作站中的工件时，只需更改工件坐标系的位置，所有路径将即刻随之更新。

（2）允许操作以外轴或传送导轨移动的工件，因为整个工件可连同其路径一起移动。

（二）工件坐标实现轨迹偏移的原理是什么

如图 4-5-3 所示，A 是机器人的大地坐标，为了方便编程为第一个工件建立了一个工件坐标 B，并在这个工件坐标 B 中进行轨迹编程。如果台子上还有一个一样的工件需要走一样的轨迹，那么只需建立一个工件坐标 C，将工件坐标 B 中的轨迹复制一份，然后将工件坐标从 B 更新为 C，无须对一样的工件重复进行轨迹编程。

如图 4-5-4 所示，在工件坐标 B 中对对象 A 进行了轨迹编程。如果工件坐标的位置变化成工件坐标 D 后，只需在机器人系统重新定义工件坐标 D，机器人的轨迹即可自动更新到 C，不需要再次进行轨迹编程。因 A 相对于 B 与 C 相对于 D 的关系是一样的，并没有因为整体偏移而发生变化。

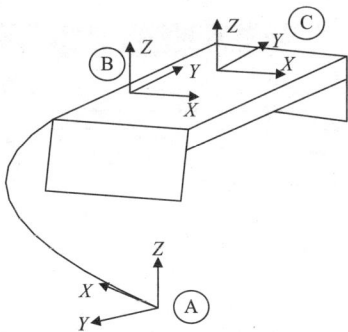

图 4-5-3　工件坐标偏移示意图（一）

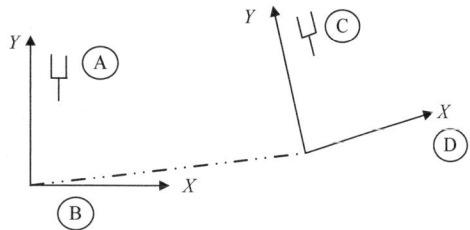

图 4-5-4　工件坐标偏移示意图（二）

（三）如何使用工件坐标实现轨迹偏移

将已测工件坐标"wobj1"作为参照，示教编辑三角形轨迹程序。如果工件坐标"wobj1"偏移到"wobj2"，那么该轨迹的外形不变，仅位置发生了改变，只需改变工件坐标，如图 4-5-5 所示。

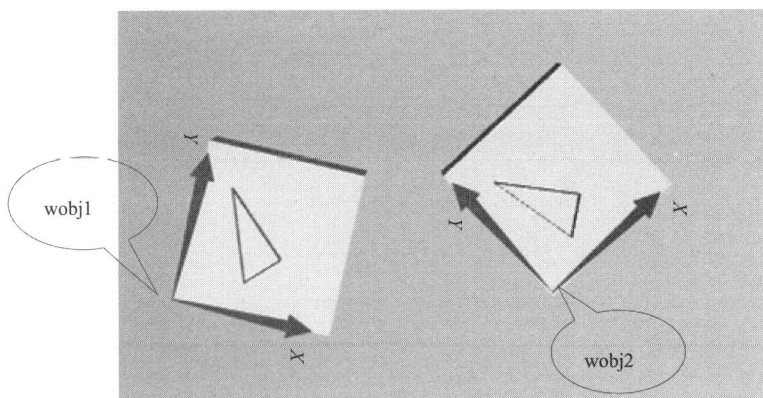

图 4-5-5 用工件坐标实现轨迹偏移示意图

任务实施步骤如下：

（1）利用三点法设定工件坐标"wobj1"和"wobj2"，操作步骤如表 4-5-1 所示。

表 4-5-1 设定工件坐标操作步骤

序号	操作说明	图示
1	设置工件坐标"wobj1"	
2	设置工件坐标"wobj2"	

（2）以工件坐标"wobj1"为参照坐标，示教编辑三角形轨迹程序。

（3）将轨迹程序中每行指令的工件坐标"wobj1"修改为"wobj2"，操作步骤如表 4-5-2 所示。

表 4-5-2　修改指令中的工件坐标操作步骤

序号	操作说明	图示
1	双击工件坐标"wobj1"	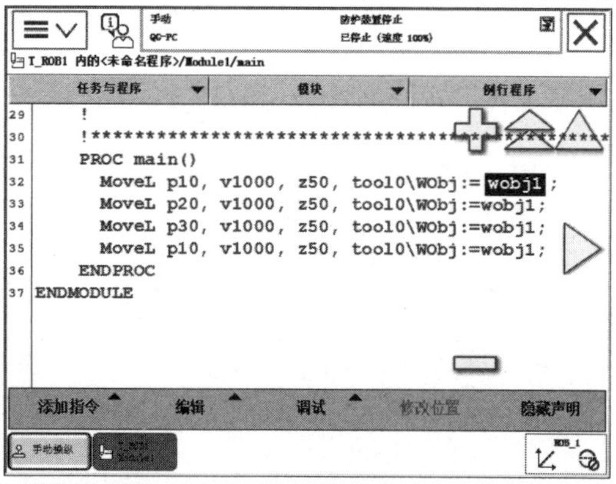
2	选择工件坐标"wobj2"	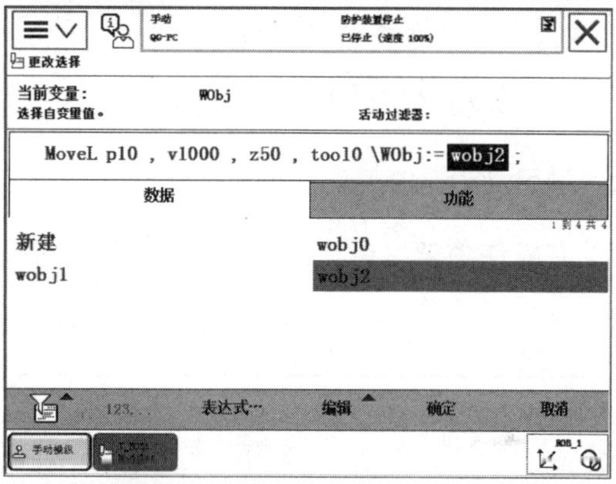
3	依次将每一条指令的工件坐标都改为"wobj2"	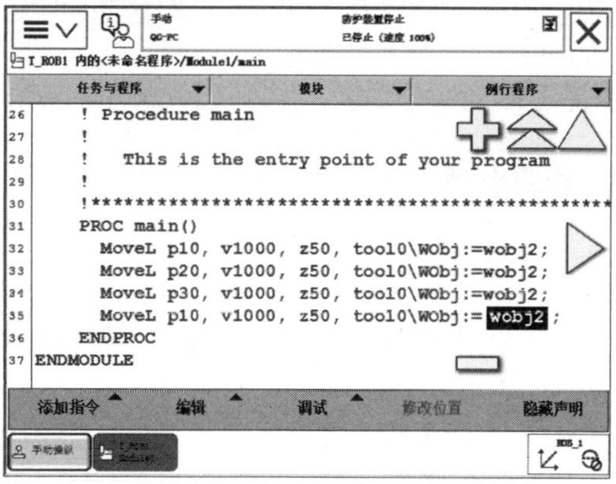

（4）执行更改后的程序，机器人运行轨迹不变，但位置改变至"wobj2"坐标下。

五、任务实施

（一）设定画笔的工具坐标

根据工具坐标的四点设定方法，设定画笔工具坐标，名称为 TCP_bi，平均误差在1mm 以内。

（二）创建平面工件坐标"wobj1"

根据三点法设定平面工件坐标，名称为"wobj1"。

（三）示教绘图点，编程并调试

要求在平面工件坐标"wobj1"下示教绘图点，编写绘图程序并调试。

（四）创建斜面工件坐标"wobj2"

根据三点法设定斜面工件坐标，名称为"wobj2"，要求斜面工件坐标的三个点的位置要与平面工件坐标三个点的位置相对应。

（五）更改工件坐标

将绘图程序中的平面工件坐标"wobj1"改为斜面工件坐标"wobj2"。

（六）调试与运行绘图程序

在手动模式下单步调试斜面程序，检测无误后手动运行程序。

六、学习评价

完成任务学习后，请同学们对学习结果进行评价，并填写表 4-5-3。

表 4-5-3　任务 4.5 学习结果评价表

序号	评价内容及标准	评价结果
1	能够按照三点法设定工件坐标，并在选择的工件坐标下进行示教	□合格　□不合格
2	能够在平面轨迹的程序中修改工件坐标，实现平面轨迹到斜面轨迹的偏移	□合格　□不合格
3	能够通过工件坐标偏移的方法，利用平面绘制程序实现斜面绘制图案，无其他多余线条	□合格　□不合格

七、作业小测

1. 判断题

（1）当工业机器人作业时有多个相同的工件但位置不一样时，只需一个工件坐标系就可以了。　　　　　　（　　）

（2）重新定位工作站中的工件时，只需更改工件坐标系的位置，所有的路径也随之发生改变。　　　　　　（　　）

（3）重新定位工作站中的工件时，示教器中的程序也是需要重新编写的。　（　　）

（4）若机器人操作带有传送导轨移动的工件，工件坐标的定义是不适应的。（　　）

（5）工业机器人有默认的大地坐标，该坐标是不需要再定义的，可以直接使用。

（　　）

（6）工业机器人的坐标轴的维正方向符合左手定则。　　　　　　（　　）

（7）确定工业机器人的工件坐标的右手定则，大拇指的方向是 Z 轴的正方向。

（　　）

（8）机器人的工件坐标在定义时采用三点法，此中三点并不包含 Z 轴方向上的点。

（　　）

2. 拓展任务

如图 4-5-6 所示，在机器人右侧分别放置上、下两块斜面板，要求在不重新示教点的情况下将平面上的图形绘制到两块斜面板上，完成偏移绘图任务，利用仿真软件进行验证，最终进行实操，完成作品。

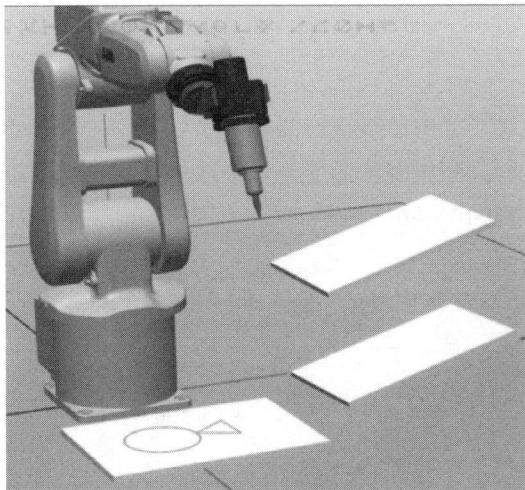

图 4-5-6　偏移绘图拓展任务

任务 4.6 ┃ 批 量 绘 图

一、任务描述

用工业机器人改造绘图本生产线的好处是可以进行批量生产。现在接到客户订单，需要批量生产 10 个绘图本，绘图本的其中一页图案如图 4-3-1 所示，请你编写并调试机器人绘图程序，实现批量绘图。

二、学习目标

- 能够说出 FOR 指令的结构。
- 能够表述 FOR 指令的循环逻辑。
- 能够运用 FOR 指令进行批量绘图并控制绘图次数。

三、导学框图

任务 4.6 的导学框图如图 4-6-1 所示。

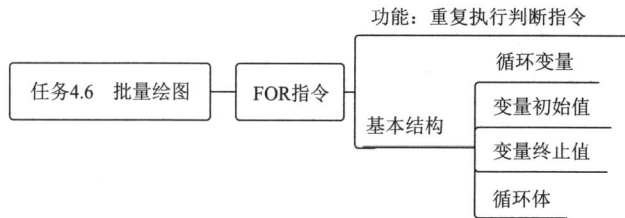

图 4-6-1 任务 4.6 导学框图

四、任务探究

（一）FOR 指令的功能是什么

FOR 指令是重复执行判断指令，适用于一个或多个指令需要重复执行数次的情况。FOR 指令的基本结构如图 4-6-2 所示。

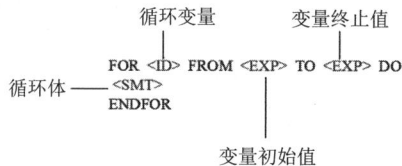

图 4-6-2 FOR 指令基本结构

（二）FOR 指令的循环流程是什么

当使用 FOR 指令编写如图 4-6-3 所示的程序时，其循环流程如图 4-6-4 所示。

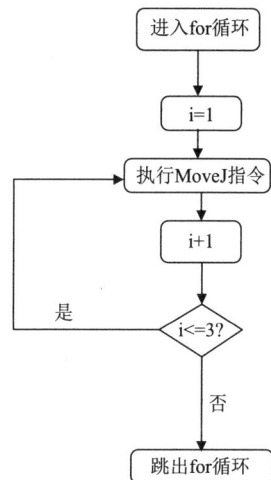

```
FOR i FROM 1 TO 3 DO
    MoveJ p10, v1000, z0, tool0\WObj:=wobj1;
ENDFOR
```

图 4-6-3 FOR 指令程序

图 4-6-4 FOR 指令循环流程

（三）FOR 指令如何使用

以绘制半圆为例，使用 FOR 指令批量绘制三个半圆，具体操作步骤如表 4-6-1 所示。

表 4-6-1　使用 FOR 指令批量绘制三个半圆程序操作步骤

序号	操作说明	图示
1	创建一个名为"banyuan"的例行程序	
2	点击"添加指令"按钮，在弹出的快捷菜单中选择"FOR"选项，添加 FOR 指令	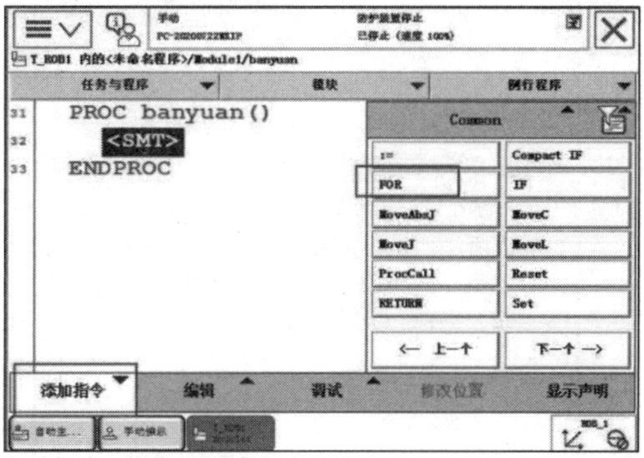
3	双击"\<ID\>"，为循环变量命名	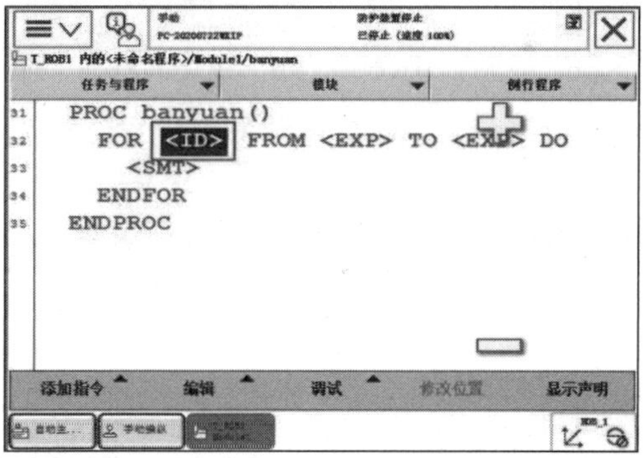
4	将循环变量命名为"i"，点击"确定"按钮	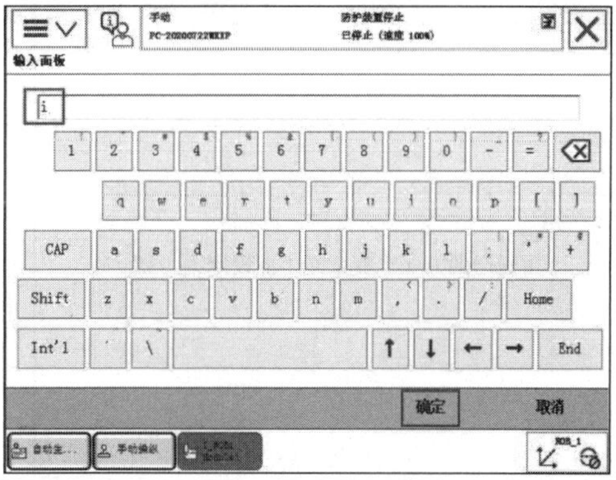

续表

序号	操作说明	图示
5	双击第一个"<EXP>"，更改变量初始值	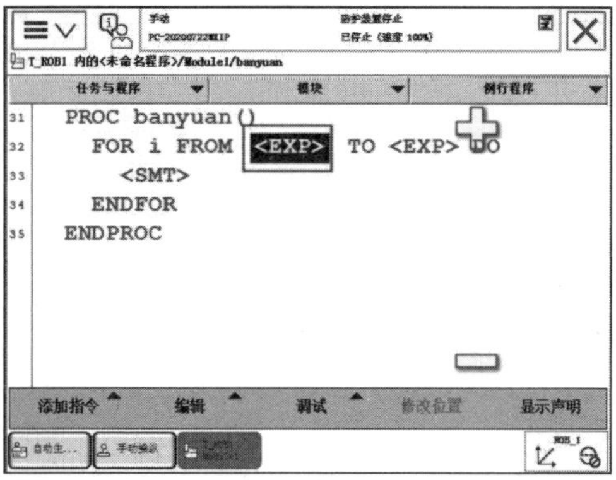
6	进入更改变量初始值界面，点击"编辑"按钮，在弹出的快捷菜单中选择"仅限选定内容"选项	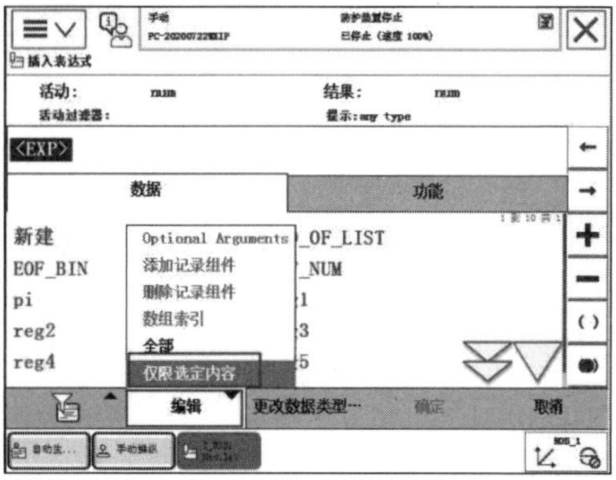
7	将变量初始值改为"1"，点击"确定"按钮	
8	用同样的方法将变量终止值设定为"3"	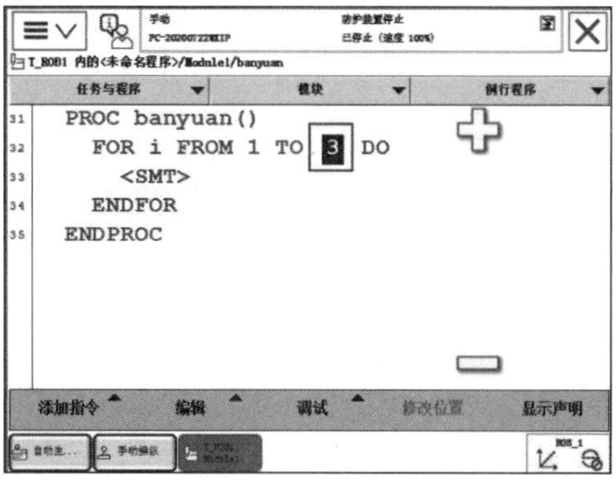

续表

序号	操作说明	图示
9	选中"<SMT>"，添加程序指令	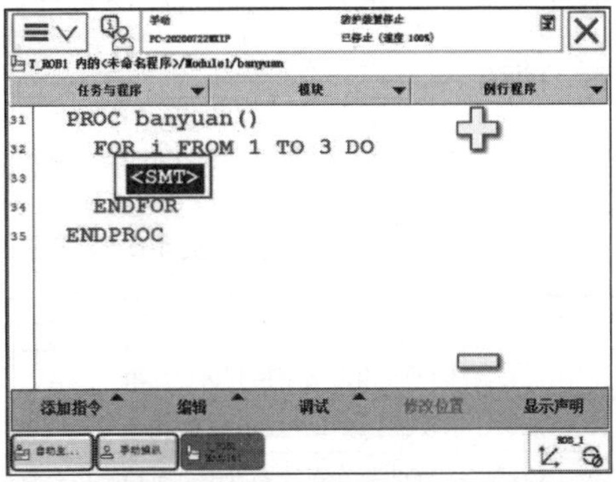
10	编写绘制一个半圆的程序，通过 FOR 指令，机器人会循环执行三次半圆程序	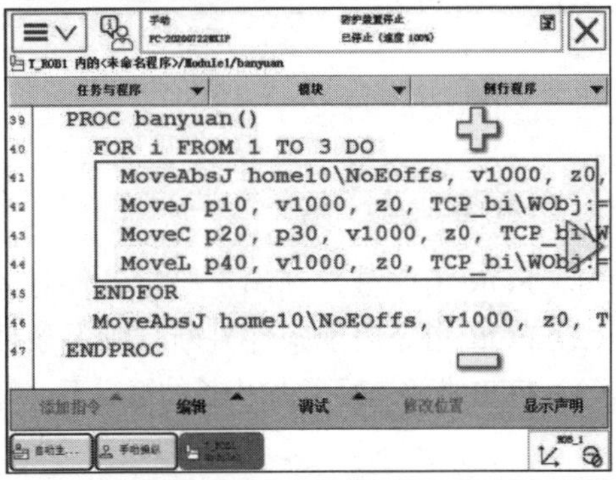
11	机器人循环执行三次半圆程序后才会跳出 FOR 循环，执行下一条指令	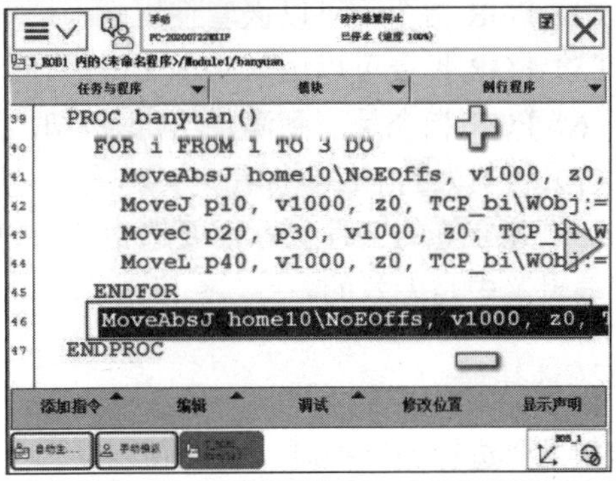

五、任务实施

（一）设定画笔的工具坐标

根据工具坐标的四点设定方法，设定画笔工具坐标，名称为"TCP_bi"，平均误差在 1mm 以内。

（二）创建和编写程序

请参照表 4-6-1 所示 FOR 指令批量绘制三个半圆程序的操作步骤，结合任务 4.3 中的绘制程序，使用 FOR 指令按要求创建和编写绘图程序，完成批量绘制十个绘图本的任务。

（三）调试与运行批量绘图程序

在手动模式下单步调试批量绘图程序，检测无误后手动运行程序。

六、学习评价

完成任务学习后，请同学们对学习结果进行评价，并填写表 4-6-2。

表 4-6-2　任务 4.6 学习结果评价表

序号	评价内容及标准	评价结果
1	能够叙述 FOR 指令的结构和执行逻辑	□合格　□不合格
2	能够在示教器中添加并显示 FOR 指令	□合格　□不合格
3	能够使用 FOR 指令在绘图纸上批量绘制指定数量的图案，无其他多余线条	□合格　□不合格

七、作业小测

1. 判断题

（1）FOR 指令是直到满足给定条件时才会终止循环的指令。　　　　　（　　）

（2）FOR 指令用于条件判断，满足条件后程序则往下执行，不会重复。　（　　）

（3）FOR 指令在不添加步长的情况下，每执行一次循环体，循环变量的数值自动加 1。

（　　）

（4）FOR 指令不可以嵌套使用。　　　　　　　　　　　　　　　　（　　）

（5）FOR 指令可以用来实现无限循环。　　　　　　　　　　　　　（　　）

（6）FOR 指令是直到满足给定条件时会开始执行循环体的指令。　　（　　）

（7）机器人的工件坐标在定义时采用三点法，需要确定 Z 轴方向上的点。（　　）

（8）建立好的工件坐标需要选中才可以在程序编辑器中使用，没有选中的工件坐标在程序编辑器中是无效的。　　　　　　　　　　　　　　　　　　　　（　　）

2. 选择题

如果要进行循环控制，应该使用（　　　）指令。

　　A. Compact IF　　　　B. IF　　　　　　C. FOR　　　　　D. WHILE

3. 拓展任务

请同学们通过网络搜索、图书馆查找等方式自学 WHILE 指令，用 WHILE 指令修改批量搬运任务的程序。

工业机器人搬运

项目情境☞   物流业在服务生产、促进消费、畅通循环等方面发挥了积极作用。某快递公司现有一批已经生产完毕的集装箱需要打包搬运并清点数量。作为工业机器人系统调试员，现要求你利用工业机器人快速高效地完成本项目。

任务 5.1   简 单 搬 运

一、任务描述

图 5-1-1 所示为简单搬运示意图。请完成单个集装箱从 A 点搬运到 B 点的程序编写和调试任务，包括配置 I/O 板和配置夹爪的夹放信号，选用合适的信号控制指令编写程序，利用仿真软件进行验证，最终进行实操，完成任务。

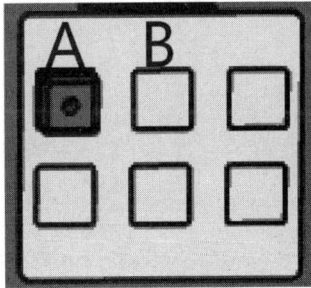

图 5-1-1   简单搬运示意图

二、学习目标

- 能够说出工业机器人的 I/O 通信种类。
- 能够说出 ABB 常用标准 I/O 板的型号，并说出每块板的分布式 I/O 模块有哪些。
- 能够说出常用的信号控制指令并解释其含义。

三、导学框图

任务 5.1 的导学框图如图 5-1-2 所示。

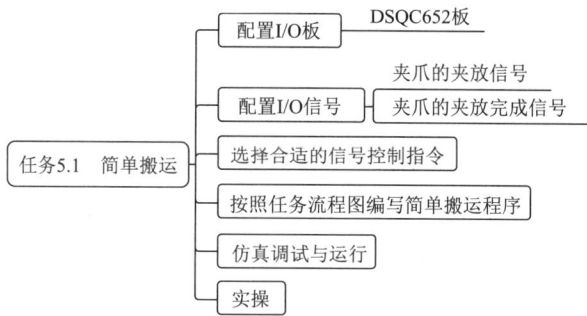

图 5-1-2　任务 5.1 导学框图

四、任务探究

（一）工业机器人如何与周边设备进行通信

ABB 工业机器人拥有丰富的 I/O 通信接口（图 5-1-3），可以轻松地实现与周边设备进行通信。

（二）工业机器人标准 I/O 板由哪些部分组成

ABB 的标准 I/O 板提供的常用信号处理有数字输入（digital input，DI）、数字输出（digital output，DO）、模拟输入（analog input，AI）、模拟输出（analog output，AO），以及输送链跟踪等（图 5-1-4）。ABB 机器人还可以选配标准 ABB 的可编程逻辑控制器（programmable logic controller，PLC），省去了原来与外部 PLC 进行通信设置的麻烦，并且在机器人示教器上就能实现与 PLC 相关的操作。

图 5-1-3　ABB 机器人通信种类

图 5-1-4　常用 ABB 标准 I/O 板

配置 I/O 板需要设定的相关参数如表 5-1-1 所示。

表 5-1-1　配置 I/O 板相关参数

参数名称	设定值	说明
DeviceNet Device	DeviceNet Device	设定 DeviceNet 总线连接单元
Name	d652	设定 I/O 板在系统中的名字
Address	10	设定 I/O 板在总线中的地址

配置 I/O 板的操作步骤如表 5-1-2 所示。

表 5-1-2　配置 I/O 板的操作步骤

序号	操作说明	图示
1	打开示教器	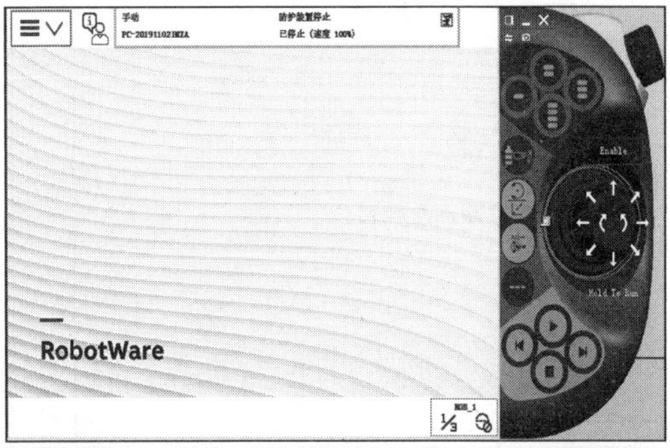
2	选择"控制面板"选项	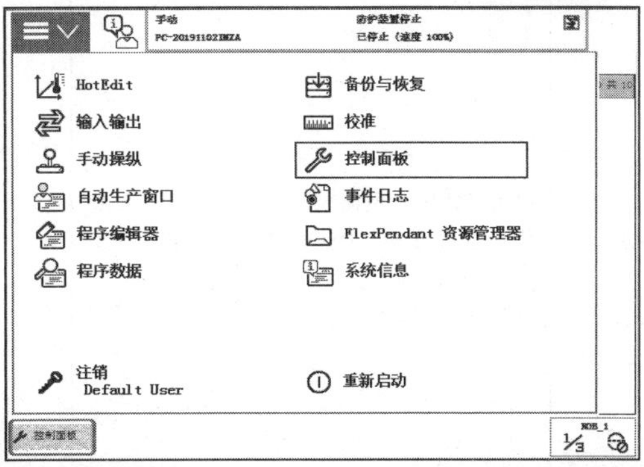
3	在打开的"控制面板"界面中，选择"配置"选项	
4	双击"DeviceNet Device"	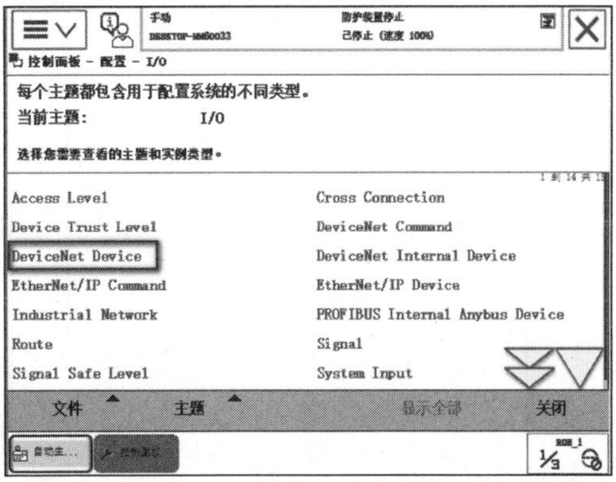

序号	操作说明	图示
5	点击"添加"按钮	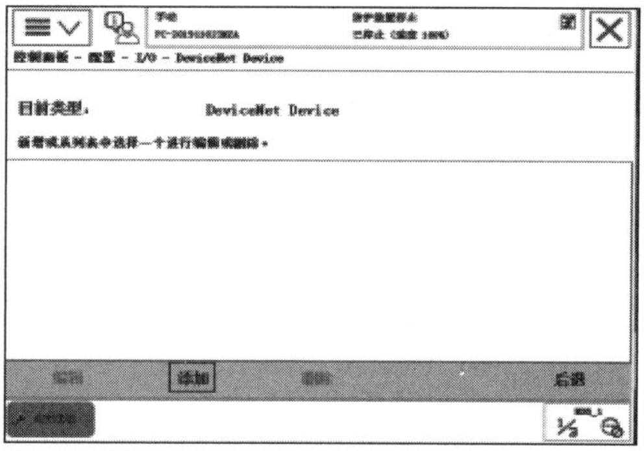
6	点击"使用来自模板的值",在弹出的参数列表中选择"DSQC 652 24 VDC I/O Device"选项	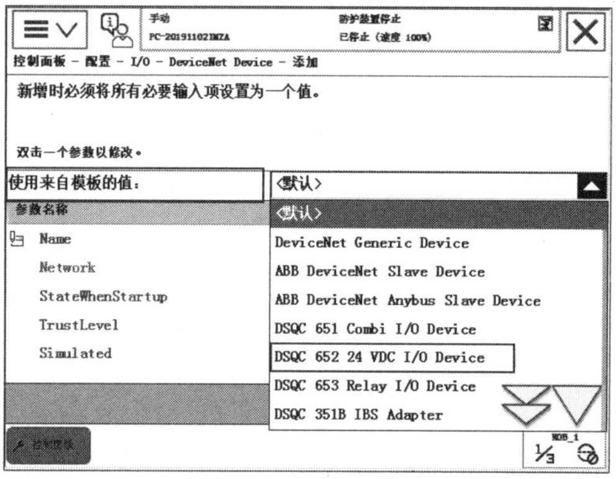
7	双击"Address",设定 I/O 板地址	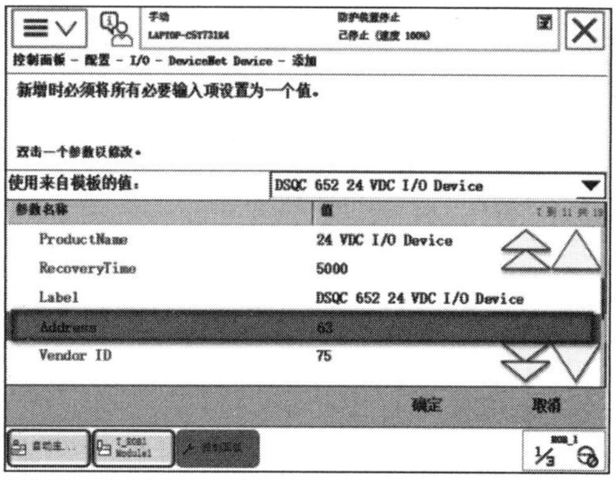
8	将"值"更改为"10";点击"确定"按钮	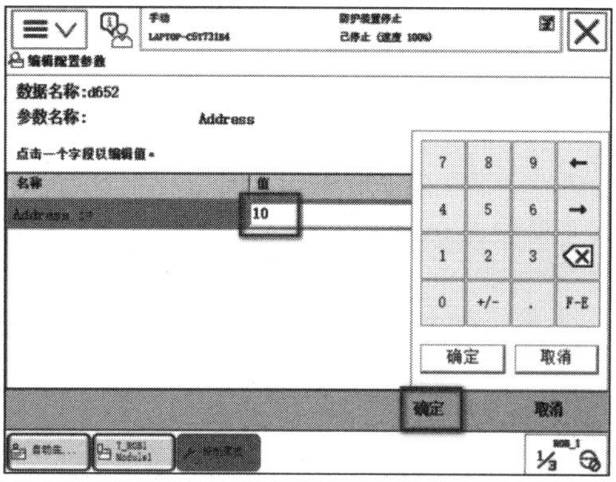

续表

序号	操作说明	图示
9	再次点击"确定"按钮	
10	在弹出的"重新启动"对话框中，点击"是"按钮，I/O 板配置完成	

（三）工业机器人常用的 I/O 信号有哪些

以 ABB 标准 I/O 板 DSQC652（图 5-1-5）为例，详细讲解其主要提供的 16 个数字输入信号和 16 个数字输出信号的处理。

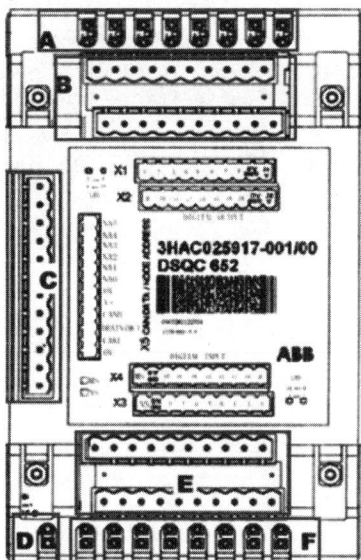

A. 输出信号指示灯
B. X1、X2 数字输出接口
C. X5 DeviceNet 接口
D. 模块状态指示灯
E. X3、X4 数字输入接口
F. 数字输入信号指示灯

图 5-1-5　DSQC652 板端口组成

1. I/O 板各端子接口定义

1）X1 端子

X1 端子接口包括 8 个数字输出端子，使用定义和地址分配如图 5-1-6 所示。

2）X2 端子

X2 端子接口包括 8 个数字输出端子，使用定义和地址分配如图 5-1-7 所示。

X1端子接口定义			
	端子编号	使用定义	地址分配
01	1	OUTPUT CH1	0
02	2	OUTPUT CH2	1
03	3	OUTPUT CH3	2
04	4	OUTPUT CH4	3
05	5	OUTPUT CH5	4
06	6	OUTPUT CH6	5
07	7	OUTPUT CH7	6
08	8	OUTPUT CH8	7
09	9	0V	
10	10	24V	

图 5-1-6　X1 端子接口定义

X2端子接口定义			
	端子编号	使用定义	地址分配
01	1	OUTPUT CH9	8
02	2	OUTPUT CH10	9
03	3	OUTPUT CH11	10
04	4	OUTPUT CH12	11
05	5	OUTPUT CH13	12
06	6	OUTPUT CH14	13
07	7	OUTPUT CH15	14
08	8	OUTPUT CH16	15
09	9	0V	
10	10	24V	

图 5-1-7　X2 端子接口定义

3）X3 端子

X3 端子接口包括 8 个数字输入，使用定义和地址分配如图 5-1-8 所示。

4）X4 端子

X4 端子接口包括 8 个数字输入，使用定义和地址分配如图 5-1-9 所示。

X3端子接口定义			
	端子编号	使用定义	地址分配
01	1	INPUT CH1	0
02	2	INPUT CH2	1
03	3	INPUT CH3	2
04	4	INPUT CH4	3
05	5	INPUT CH5	4
06	6	INPUT CH6	5
07	7	INPUT CH7	6
08	8	INPUT CH8	7
09	9	0V	
10	10	未使用	

图 5-1-8　X3 端子接口定义

X4端子接口定义			
	端子编号	使用定义	地址分配
01	1	INPUT CH9	8
02	2	INPUT CH10	9
03	3	INPUT CH11	10
04	4	INPUT CH12	11
05	5	INPUT CH13	12
06	6	INPUT CH14	13
07	7	INPUT CH15	14
08	8	INPUT CH16	15
09	9	0V	
10	10	未使用	

图 5-1-9　X4 端子接口定义

5）X5 端子

X5 端子是 DeviceNet 接口端子，使用定义如图 5-1-10 所示。

X5 是 DeviceNet 总线接口，其上的编号 6~12 跳线用来决定模块（I/O 板）在总线中的地址，可用范围为 10~63。如图 5-1-11 所示，如果将第 8 脚和第 10 脚的跳线剪去，2+8=10 就可以获得 10 的地址。

图 5-1-10 X5 端子接口定义

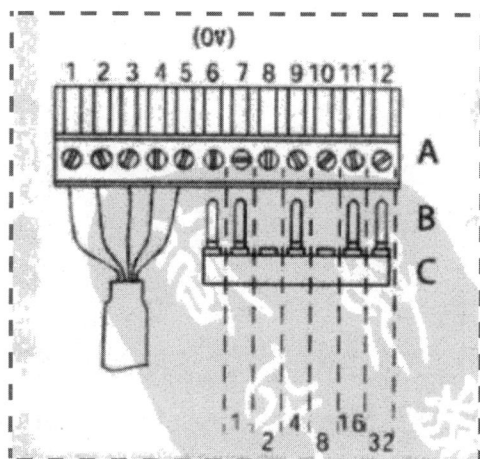

图 5-1-11 X5 端子详细示意图

2. 配置 I/O 信号的相关参数及操作步骤

（1）配置数字量输入信号 di1 的相关参数及设定值，如表 5-1-3 所示。

表 5-1-3 输入信号 di1 的相关参数及设定值

参数名称	设定值	说明
Name	di1	设定 I/O 信号的名称
Type of Signal	Digital Input	设定信号的类型
Assigned to Device	d652	设定信号所在的 I/O 模块
Device Mapping	0	设定信号所占用的地址

（2）配置数字量输入信号 di1 的操作步骤，如表 5-1-4 所示。

表 5-1-4 配置数字量输入信号 di1 的操作步骤

序号	操作说明	图示
1	打开示教器	

续表

序号	操作说明	图示
2	选择"控制面板"选项	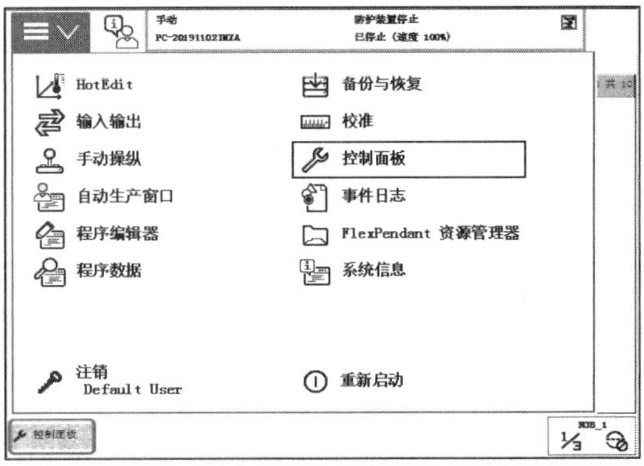
3	在打开的"控制面板"界面中，选择"配置"选项	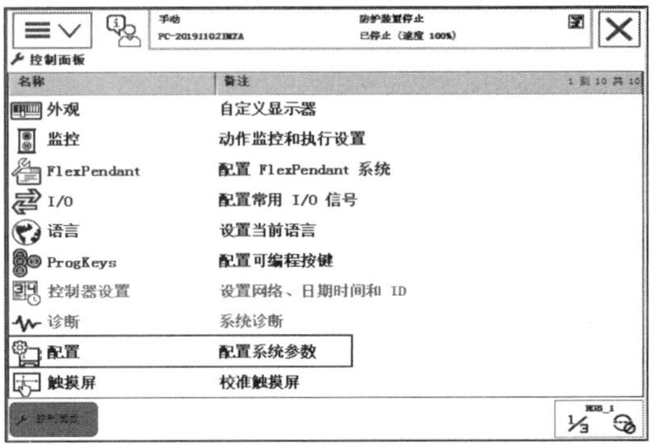
4	在主题和实例类型列表中选中"Signal"选项并双击	
5	点击"添加"按钮	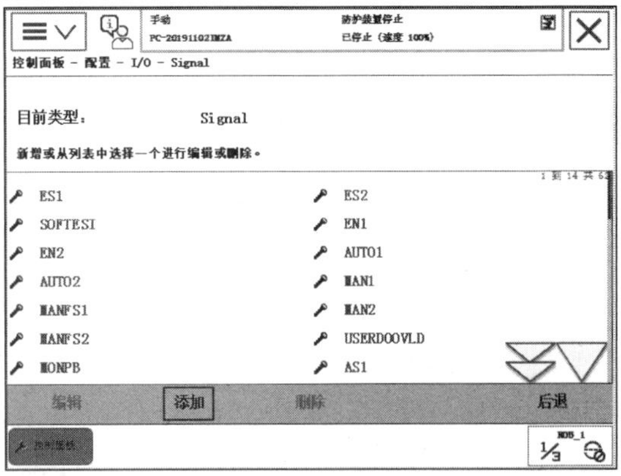

续表

序号	操作说明	图示
6	在参数列表中选中"Name"选项并双击	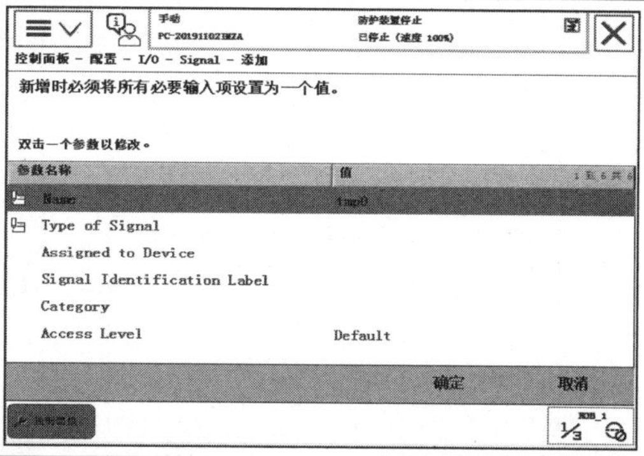
7	修改名称，输入"di1"；点击"确定"按钮	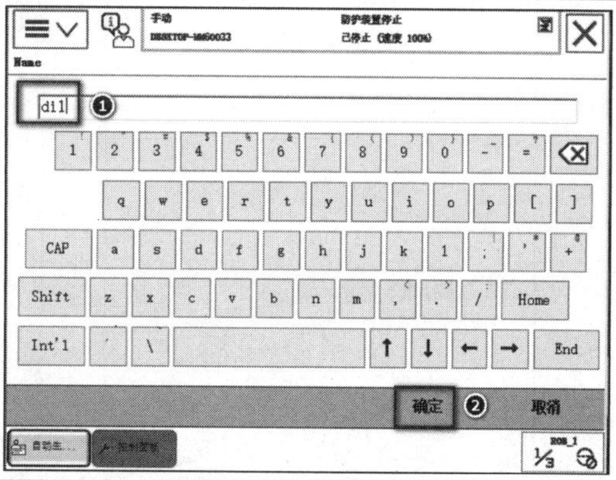
8	双击"Type of Signal"	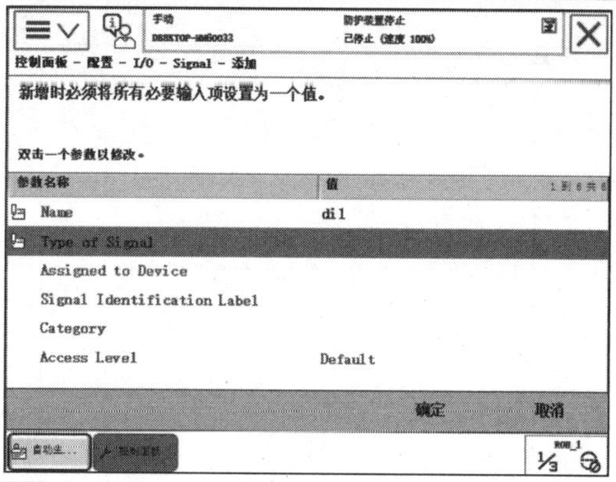
9	在对应值的下拉列表中，选择"Digital Input"选项	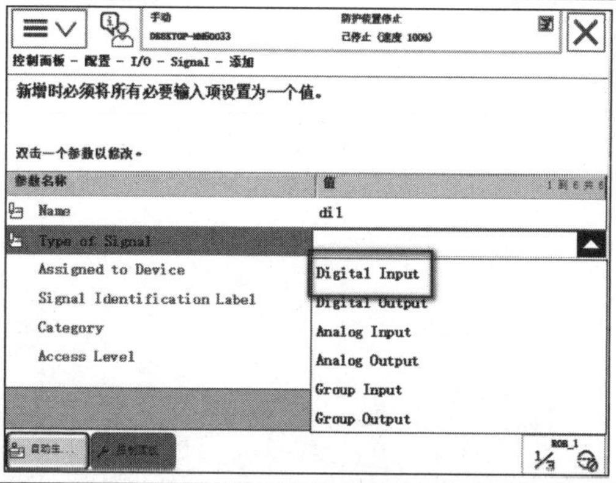

续表

序号	操作说明	图示
10	双击"Assigned to Device";在对应值的下拉列表中,选择"d652"选项	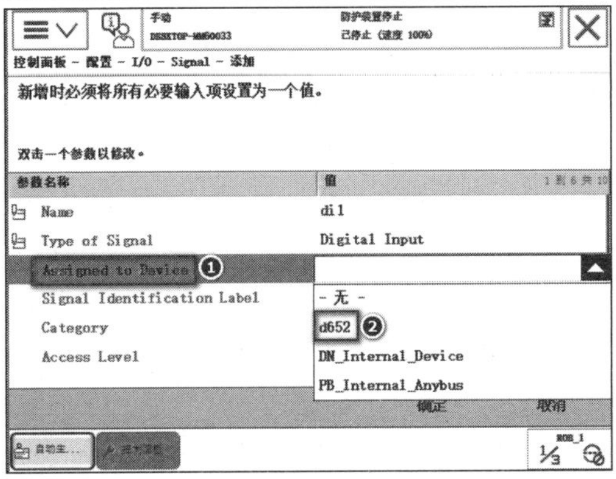
11	双击"Device Mapping"	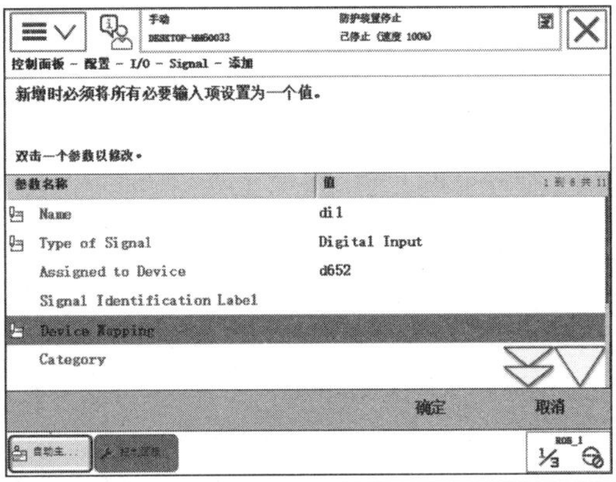
12	输入"0";点击"确定"按钮	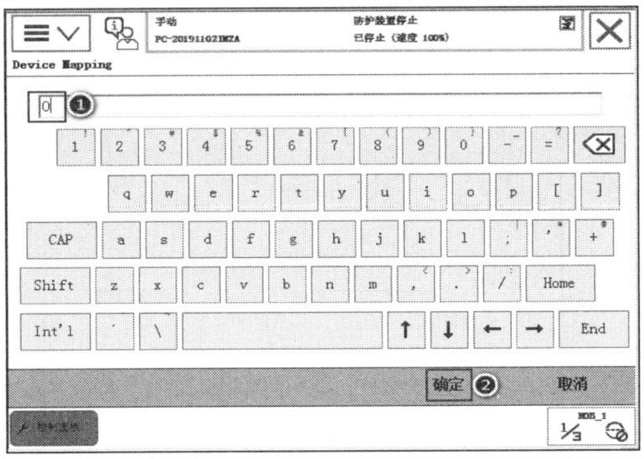
13	再次点击"确定"按钮	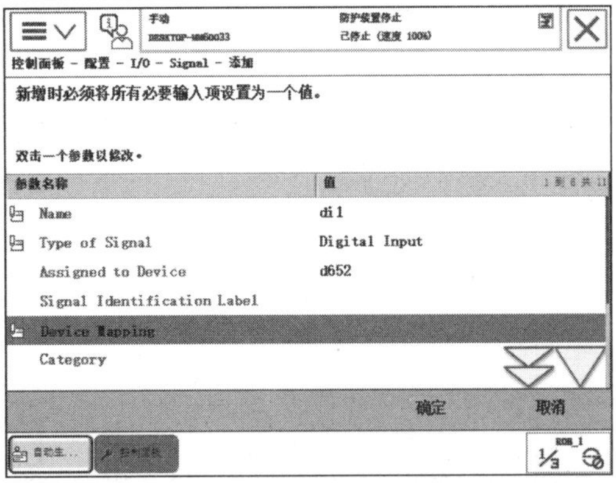

续表

序号	操作说明	图示
14	在弹出的"重新启动"对话框中，点击"是"按钮，数字量输入信号 di1 配置完毕	

（3）配置数字量输出信号 do1 的相关参数及设定值，如表 5-1-5 所示。

表 5-1-5　配置数字量输出信号 do1 的相关参数及设定值

参数名称	设定值	说明
Name	do1	设定 I/O 信号的名称
Type of Signal	Digital Output	设定信号的类型
Assigned to Device	d652	设定信号所在的 I/O 模块
Device Mapping	0	设定信号所占用的地址

（4）配置数字量输出信号 do1 的操作步骤，如表 5-1-6 所示。

表 5-1-6　配置数字量输出信号 do1 的操作步骤

序号	操作说明	图示
1	打开示教器	
2	选择"控制面板"选项	

序号	操作说明	图示
3	在打开的"控制面板"界面中，选择"配置"选项	
4	双击"Signal"	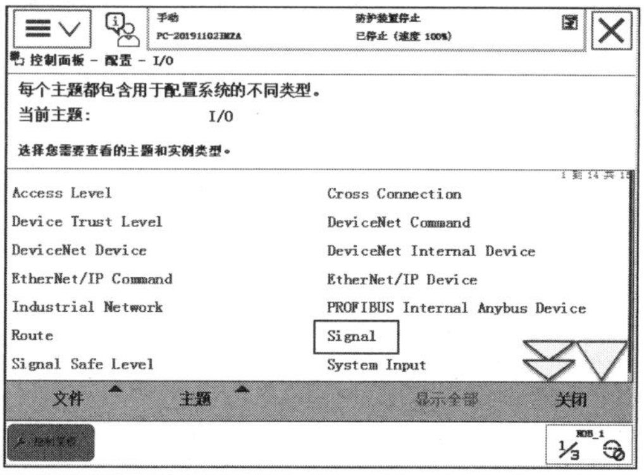
5	点击"添加"按钮	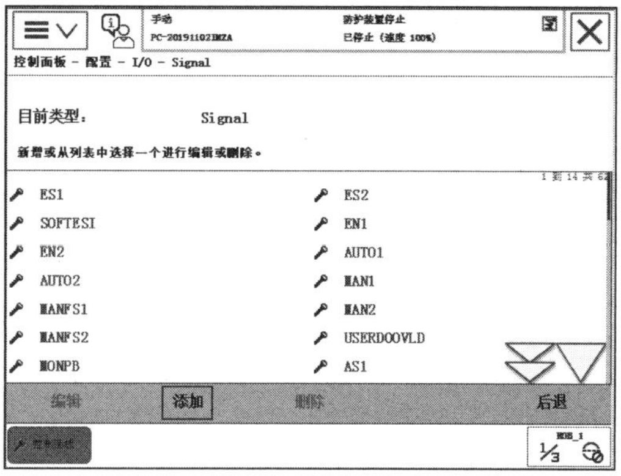
6	双击"Name"	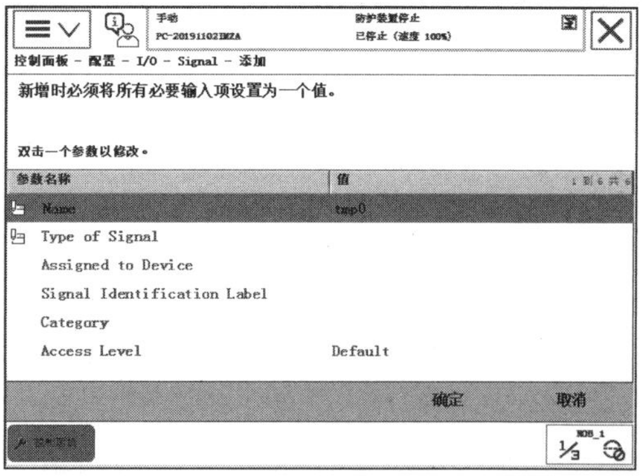

续表

序号	操作说明	图示
7	修改名称，输入"do1"；点击"确定"按钮	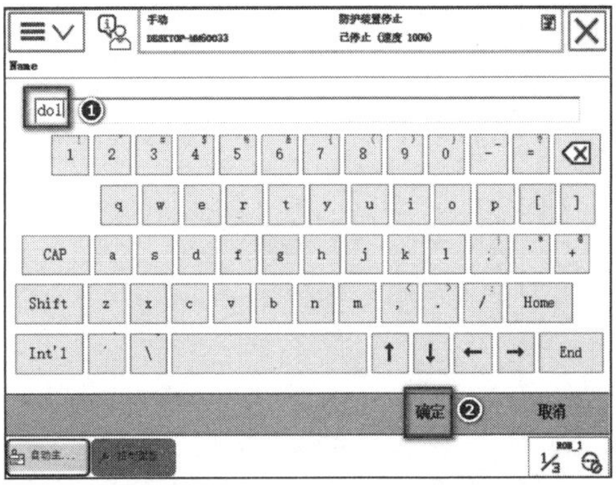
8	双击"Type of Signal"；在对应的"值"下拉列表中选择"Digital Output"选项	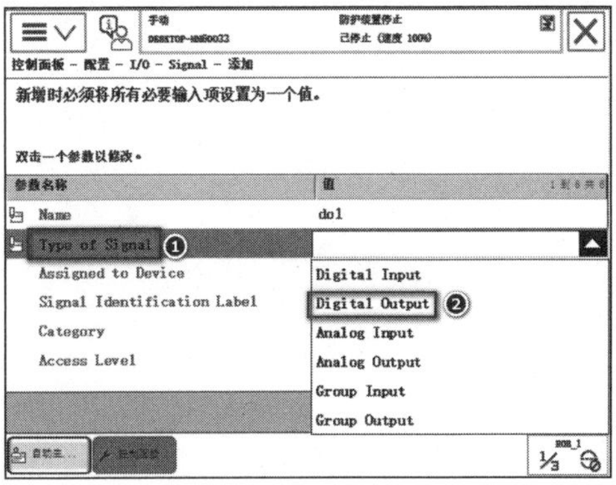
9	双击"Assigned to Device"；在对应的"值"下拉列表中选择"d652"选项	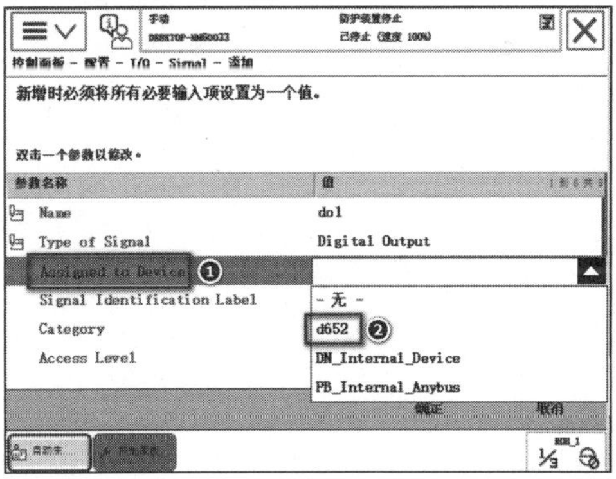
10	双击"Device Mapping"	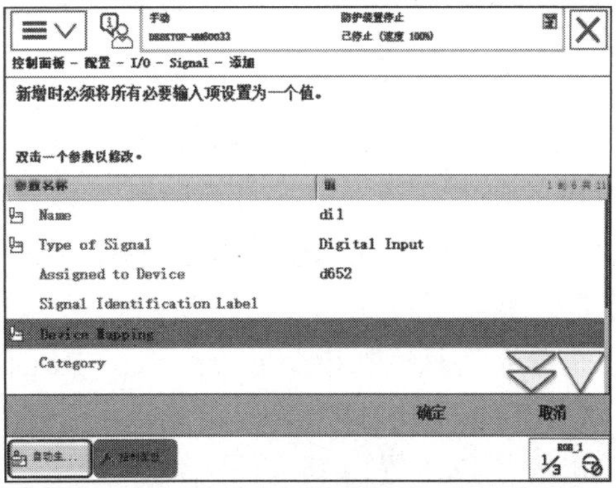

序号	操作说明	图示
11	输入"0"；点击"确定"按钮	
12	再次点击"确定"按钮	
13	在打开的"重新启动"对话框中，点击"是"，数字量输入信号 do1 配置完毕	

3. 机器人与夹爪信号连接分析

夹爪的夹放由气路的通断控制。机器人的输出信号 DO 电压为直流 24V，这一电压不能直接控制夹爪的夹放。夹爪的输入信号相当于一个开关闭合，中间不需要串联任何电源。因此，信号之间需要转换，DO10 信号控制中间继电器 KA，再由 KA 控制夹爪气路的通断，其接线图如图 5-1-12 所示。

机器人信号控制指令主要有 Set、Reset、WaitDI、WaitDO、WaitTime 等。

（1）Set：数字信号置位指令，用于将数字输出信号置为"1"。例如，Set Do1；将数字输出信号 Do1 置为 1。

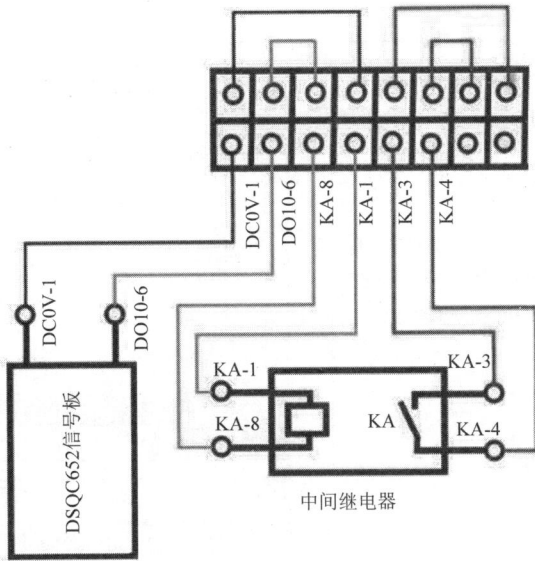

图 5-1-12　接线图

（2）Reset：数字信号复位指令，将数字输出信号置为"0"。例如，Reset Do1；将数字输出信号 Do1 置为 0。

（3）WaitDI：数字输入信号判断指令，用于判断数字输入信号值是否与目标值一致。例如，WaitDI di1,1；等待数字输入信号 di1 的值为 1 时，程序才继续往下执行，若到达最大等待时间 300s（此时间可根据实际设定）以后，di1 的值还不为 1，机器人报警或进入出错处理状态。

（4）WaitDO：数字输出信号判断指令，用于判断数字输出信号值是否与目标值一致。例如，WaitDO do1,1；等待数字输出信号 do1 的值为 1 时，程序才继续往下执行，若到达最大等待时间 300s（此时间可根据实际设定）以后，do1 的值还不为 1，机器人报警或进入出错处理状态。

（5）WaitTime：延时指令，单位为 s，例如：WaitTime 1；机器人延时等待 1s。

添加上述指令的操作过程如表 5-1-7 和表 5-1-8 所示。

表 5-1-7　添加 WaitDI、Set 指令的步骤

序号	操作说明	图示
1	打开示教器	

序号	操作说明	图示
2	新建例行程序 main；点击"添加指令"按钮，在弹出的指令菜单中，点击"下一个"按钮	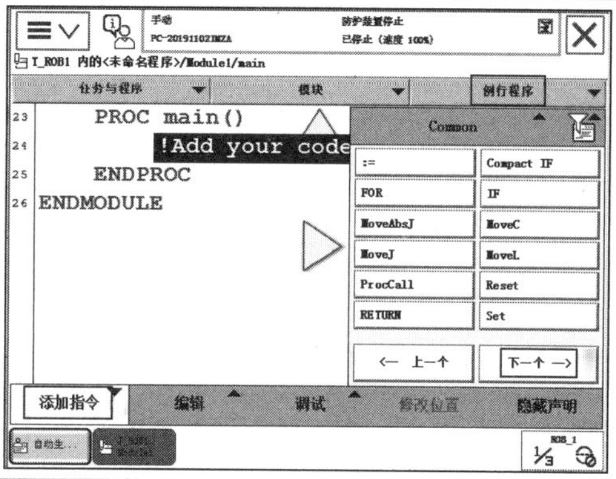
3	点击"WaitDI"按钮	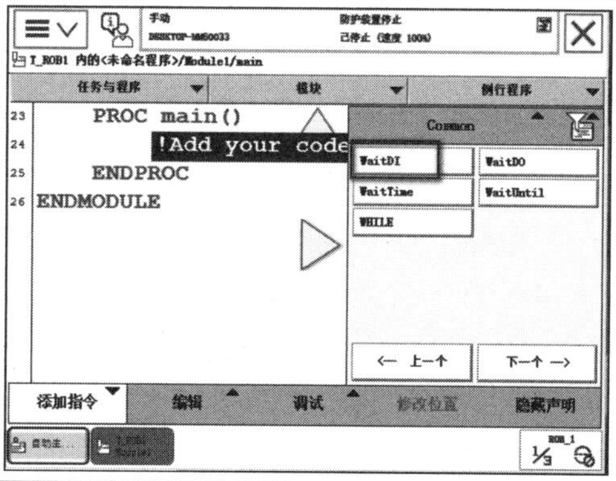
4	选择"di1"；点击"确定"按钮	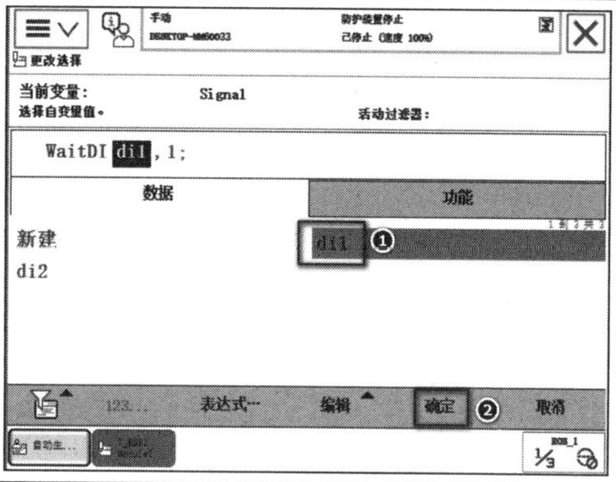
5	点击"添加指令"按钮，在打开的指令菜单中，选择"Set"选项	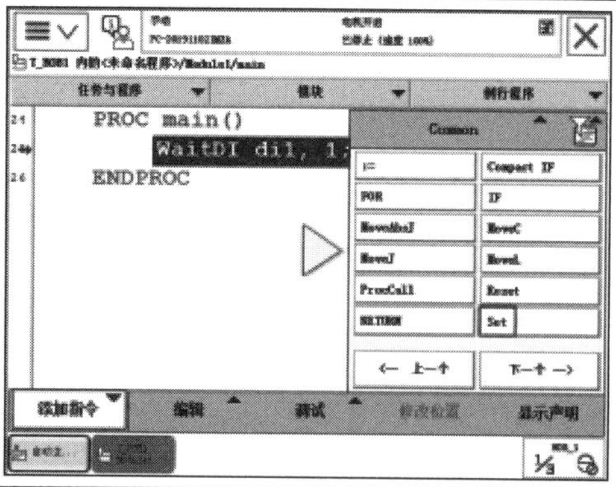

序号	操作说明	图示
6	选择"do2"；点击"确定"按钮	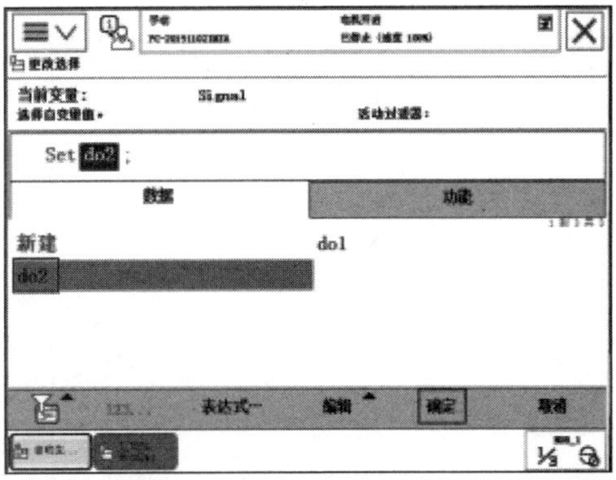
7	调试运行程序 解读程序： （1）当 di1=1 时，do2 被置位，即 do2=1； （2）当 di1=0 时，系统不会运行下一步程序，do2 不会被置位	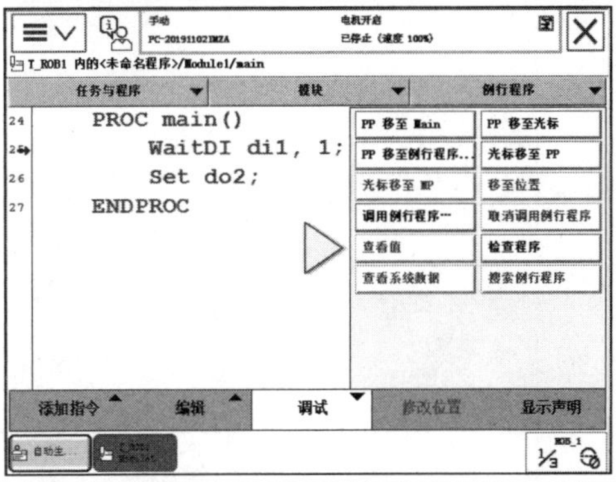
8	点击"是"按钮	
9	do2=1	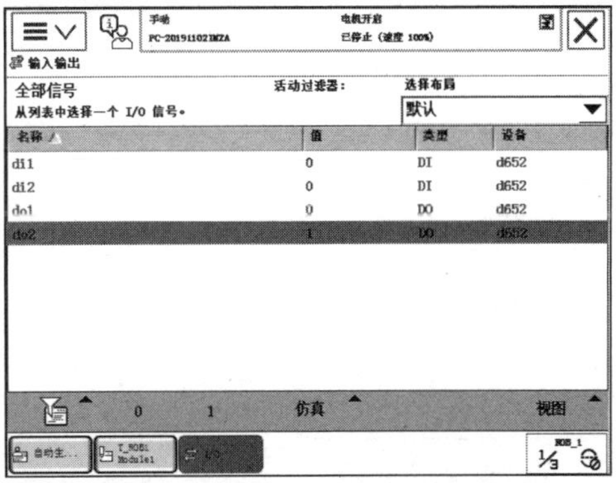

表 5-1-8 添加 WaitDO、WaitTime、Reset 指令的步骤

序号	操作说明	图示
1	打开示教器	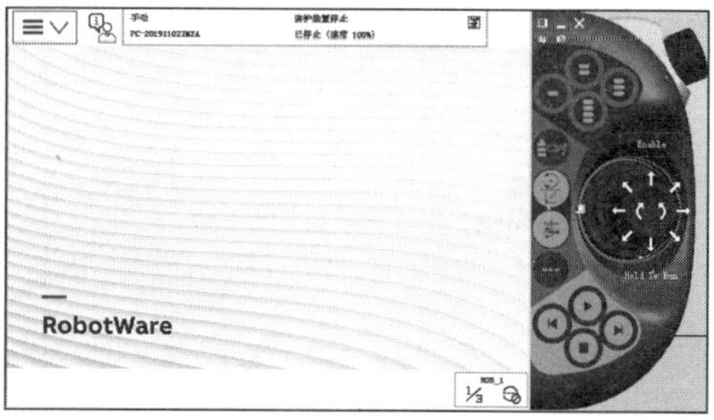
2	新建例行程序 main；点击"添加指令"按钮，在弹出的指令菜单中，点击"下一个"按钮	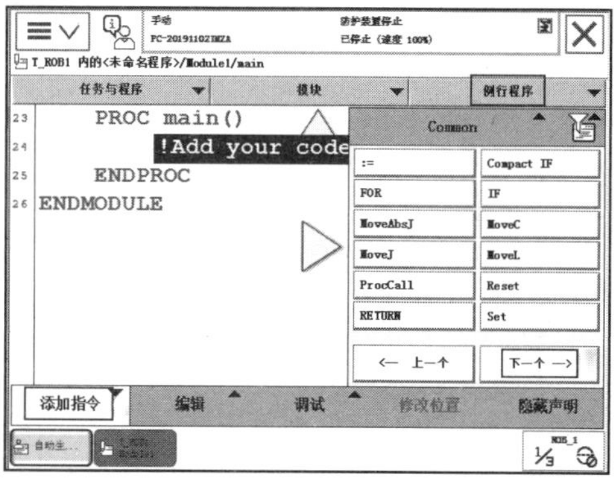
3	选择"WaitDO"选项	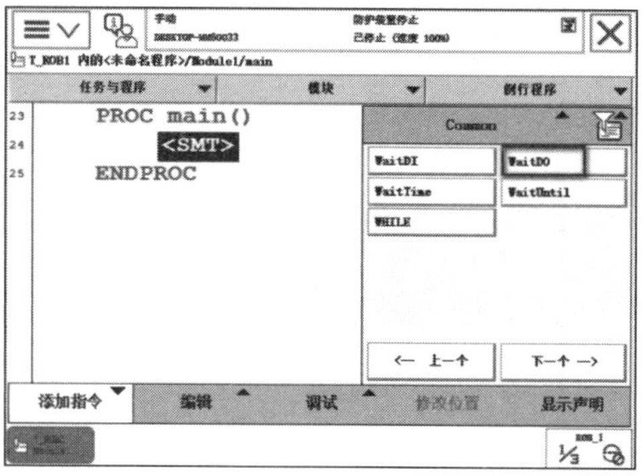
4	选择"do1"选项，点击"确定"按钮	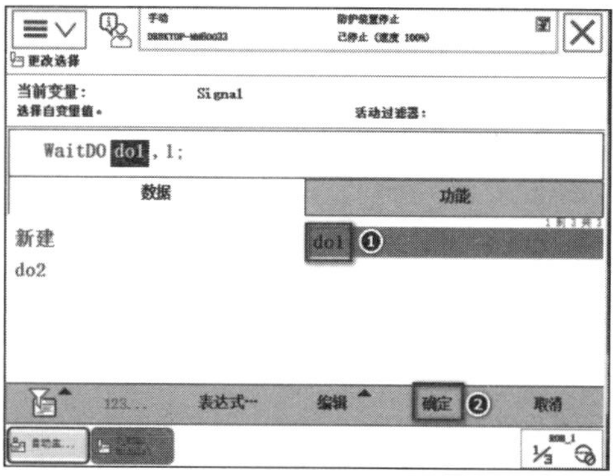

续表

序号	操作说明	图示
5	选择"WaitTime"选项	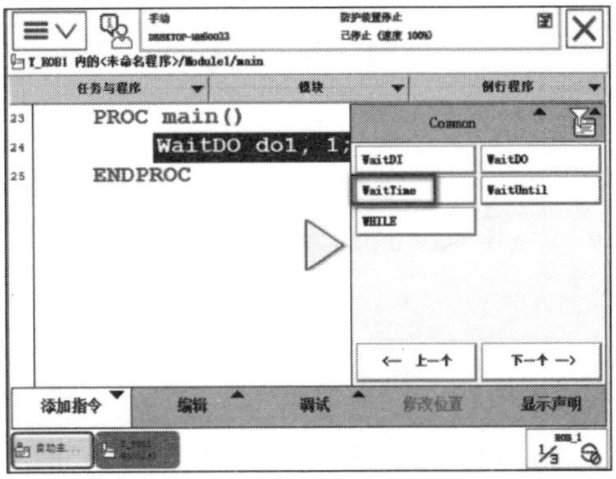
6	点击"123..."按钮；通过软键盘输入"0.5"；点击"确定"按钮	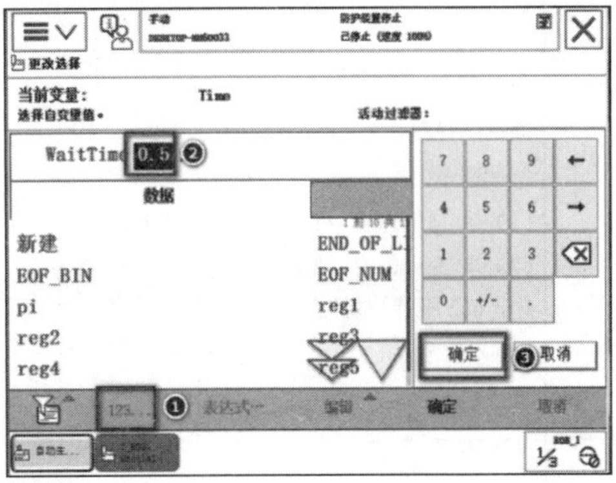
7	点击"确定"按钮	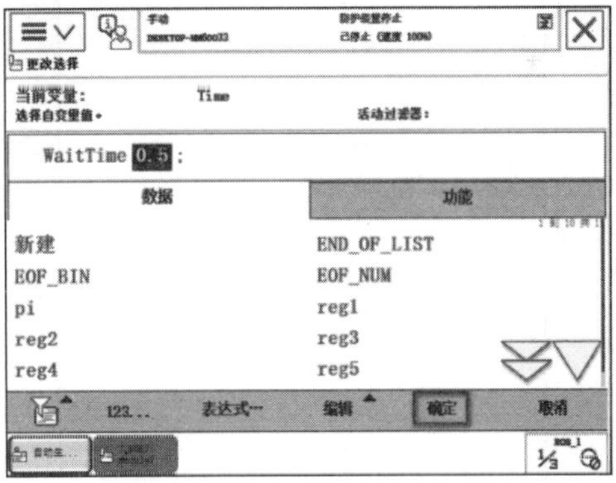
8	选择"Reset"指令	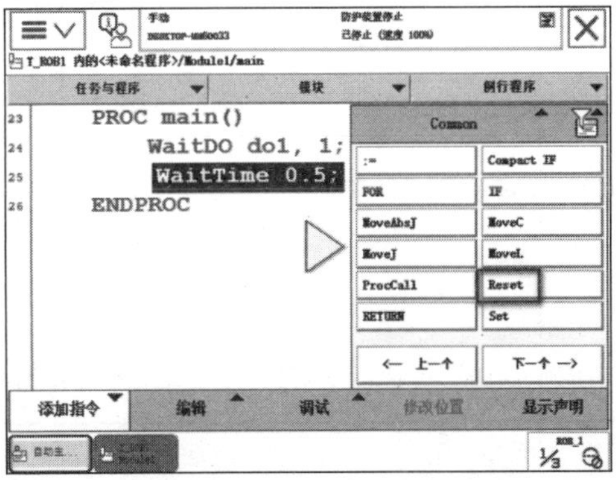

序号	操作说明	图示
9	选择"do2"选项；点击"确定"按钮	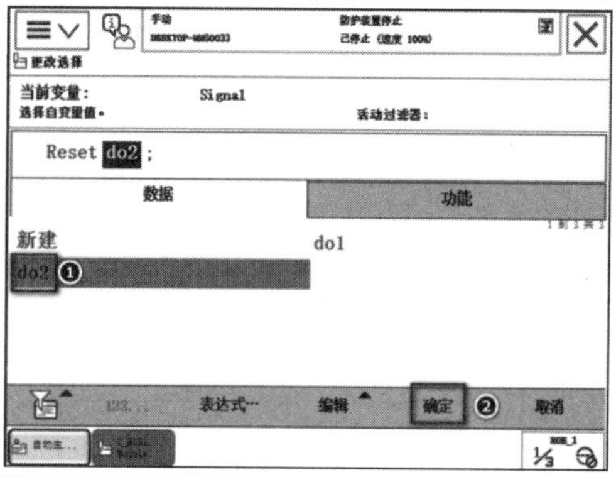
10	调试运行程序 解读程序： （1）当do1=1时，do2被复位，即do2=0； （2）当do1=0时，系统不会运行下一步程序，do2不会被复位	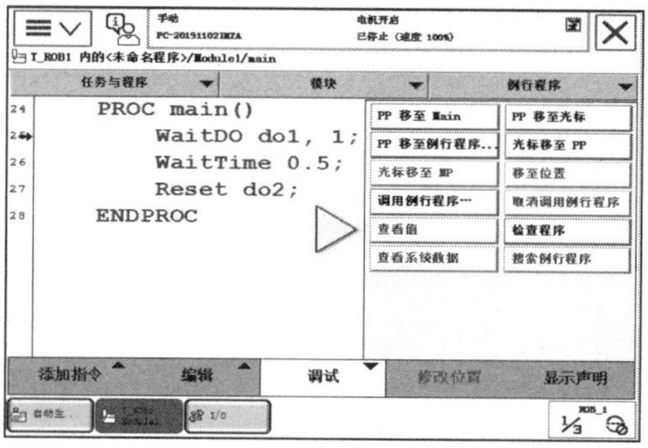
11	点击"是"按钮	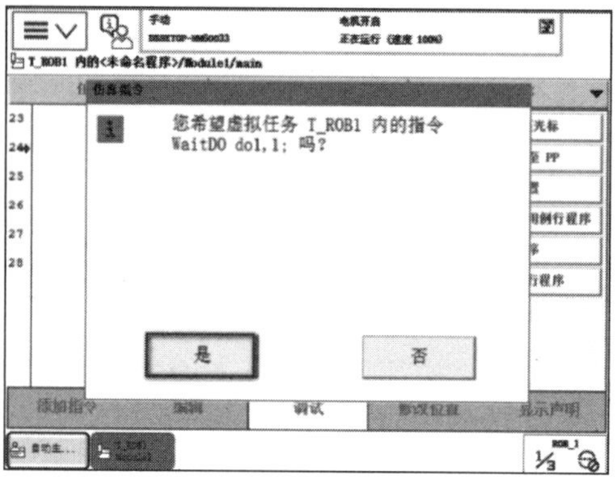
12	do2=0	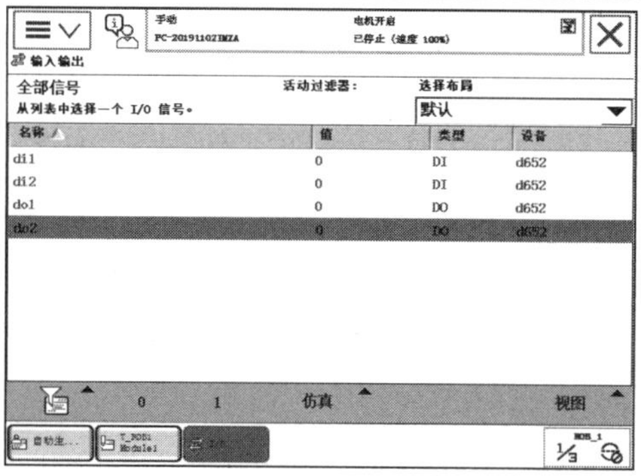

五、任务实施

（一）配置 I/O 板

请根据表 5-1-9 提示配置简单搬运工作站 I/O 板的相关参数，并根据实际工作站接线设定正确的参数值。

表 5-1-9　配置 I/O 板相关参数

序号	参数名称	设定值
1	DeviceNet Device	
2	Name	
3	Address	

（二）配置 I/O 信号

请按照表 5-1-10 要求配置简单搬运工作站的相关 I/O 信号。

表 5-1-10　简单搬运信号定义

信号类型	信号名称	信号地址	信号功能
数字量输出信号	do_jiazhua	9	夹爪夹放信号

请按照如图 5-1-13 所示的程序流程图编写将单个集装箱从工位 A 搬运到工位 B 点的程序。

本着严谨细致、认真敬业的职业态度，对照示例程序，分析你的程序与示例程序有何区别？你的程序能否实现任务要求？若不能，想想为什么？有没有其他的编程思路也可以完成任务？

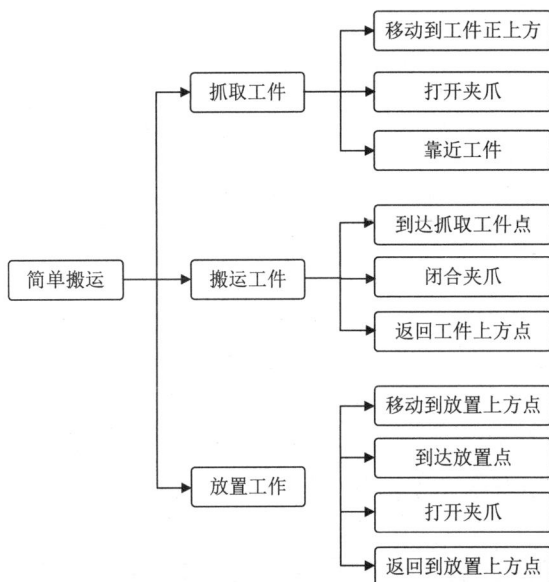

图 5-1-13　程序流程图

示例程序如下：

```
 1. MoveAbsJ P1,v200,z0,tool1;        机器人移动到工作原点
 2. MoveJ P2,v200,z0,tool1;           工件上方点 P2
 3. WaitTime 0.5;                     延时 0.5s
 4. Reset do_jiazhua;                 打开夹爪
 5. WaitTime 0.5;
 6. MoveL P3,v200,z0,tool1;           抓取工件点 P3
 7. WaitTime 0.5;
 8. Set do_jiazhua;                   闭合夹爪
 9. WaitTime 0.5;
10.  MoveL P2,v200,z0,tool1;          返回工件上方点 P2
11. MoveJ P4,v200,z0,tool1;           放置点上方点 P4
12. MoveL P5,v200,z0,tool1;           放置工件点 P5
13. WaitTime 0.5;
14. Reset do_jiazhua;                 打开夹爪
15. WaitTime 0.5;
16. MoveL P4,v200,z0,tool1;           返回放置点上方点 P4
17. MoveAbsJ P1,v200,z0,tool1;        机器人回到工作原点
```

六、学习评价

完成任务学习后，请同学们对学习结果进行评价，并填写表 5-1-11。

表 5-1-11　任务 5.1 学习结果评价表

序号	评价内容及标准	评价结果
1	能够按要求正确配置 I/O 板。 I/O 板配置标准：总线连接为 DeviceNet Device，地址为 10，命名为 D652	□合格　　□不合格
2	能够正确配置夹爪夹放信号。 I/O 信号配置标准：信号类型为 Digital Output，所选择的板为 D652，地址为 9	□合格　　□不合格
3	能够正确选择并添加合适的信号控制指令，使机器人能正确夹取和放下集装箱	□合格　　□不合格
4	能够按照程序流程图正确编写程序使机器人将集成箱从 A 点搬到 B 点	□合格　　□不合格

七、作业小测

1. 判断题

（1）数字输入信号一共有三种状态，分别是-1、0 和 1。　　　　　　　　　（　　）

（2）常用的光电传感器信号是通过 O 口进行输入的。　　　　　　　　　　（　　）

（3）I/O 信号的配置全部在示教器的"配置"中进行设置。　　　　　　　　（　　）

（4）示教器可以对示教器中已配置好的 I/O 信号进行仿真，这个操作在程序调试中经常使用。　　　　　　　　　　　　　　　　　　　　　　　　　　　　　　　　　（　　）

（5）I/O 信号在示教器中默认是全部设置好的，不需要另行设置。　　　　（　　）

（6）I/O 信号的配置情况是根据机器人的 I/O 板进行配置和使用的，不同的板或型号

的机器人 I/O 配置也是不一样的。 （　　）

（7）I/O 信号的配置情况是根据机器人的 I/O 板进行配置和使用的，不同的板或型号的机器人 I/O 配置是一样的。 （　　）

（8）DSQC651 是 ABB 机器人常用的 I/O 模块，可以在其下创建 I/O 信号。 （　　）

（9）ABB 的标准 I/O 板是独立连接的，并非以现场总线的形式进行连接。 （　　）

（10）ABB 的标准 I/O 板都是挂在 DeviceNet 现场总线下的设备，在使用时需要对其进行设定连接。 （　　）

（11）定义 DSQC651-IO 板是在总线类型为 Unit 类型下进行创建的。 （　　）

（12）定义 DSQC651-IO 板系统有生成的固定名称，该名称有利于进行辨别区分，是不可更改的。 （　　）

（13）定义 DSQC651-IO 板的现场总线连接完成后可以立即生效，并不像 I/O 定义那样需要重启。 （　　）

（14）Set do1，表示将数字输入信号 do1 设置为高电平。 （　　）

（15）Set do1，表示将数字输出信号 do1 设置为高电平。 （　　）

（16）I/O 信号只能输出两种状态，因此在现场的应用中实用性并不大。 （　　）

（17）I/O 信号设置完成后不需要重启就可以立即生效。 （　　）

（18）工业机器人的数字输出信号接口比数字输入信号接口更多。 （　　）

（19）数字组输出信号表示该信号可以输出几种状态。 （　　）

（20）数字组输出信号表示该信号包含多路数字输出信号，所有的信号组成一组。

（　　）

2. 拓展任务

现有 2 个集装箱需要搬运，要求将第 1 个集装箱从 A 点搬运到 B 点，将第 2 个集装箱从 C 点搬运到 D 点，示意图如图 5-1-14 所示，请完成以下任务：

（1）I/O 板和 I/O 信号的配置。

（2）程序编写与调试。

（3）利用仿真软件进行验证，最终进行实操，完成任务。

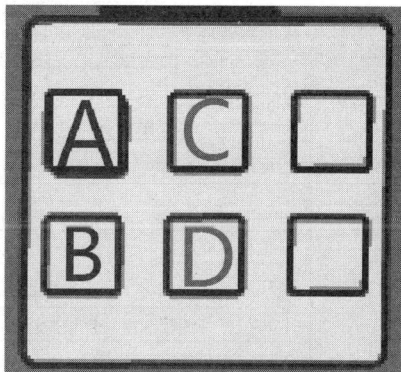

图 5-1-14 拓展任务示意图

任务 5.2 ｜ 批量搬运

一、任务描述

如图 5-2-1 所示为批量搬运示意图。请将平台 A 第 1、2、3 工位的集装箱搬运到平台 B 第 1、2、3 工位，并且要求能够实现搬运计数功能，请利用仿真软件进行验证，最终进行实操，完成任务。

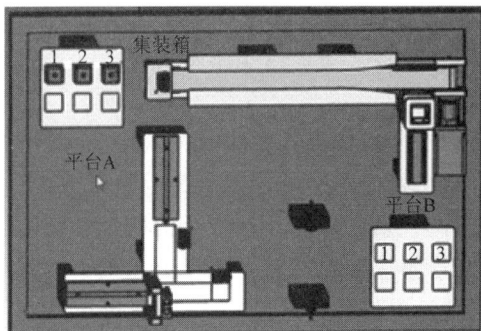

图 5-2-1　批量搬运示意图

二、学习目标

- 能够说出机器人常用的程序数据类型。
- 能够说出 ":=" 和 "=" 两个指令的区别。
- 能够说出偏移功能函数中四个参数所代表的含义。

三、导学框图

任务 5.2 的导学框图如图 5-2-2 所示。

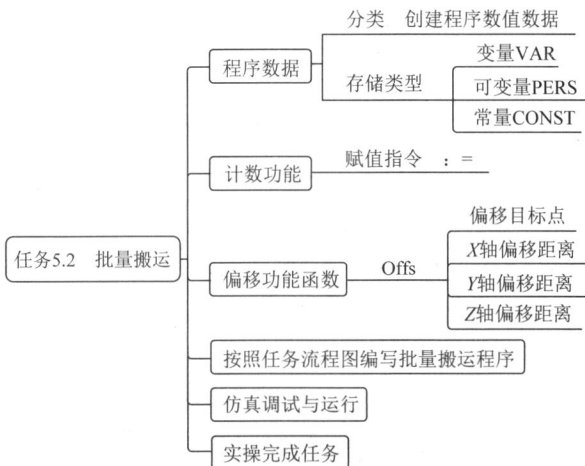

图 5-2-2　任务 5.2 导学框图

四、任务探究

1. 程序数据的定义

程序数据是在程序模块或系统模块中设定的值和定义的一些环境数据，ABB 机器人系统一共有 76 种程序数据，如图 5-2-3 所示，根据不同的应用，可以有针对性地将该应用的相关数据封装在专用的程序数据中供模块与程序调用，这种灵活性给机器人的应用范围和编程带来无限可能。

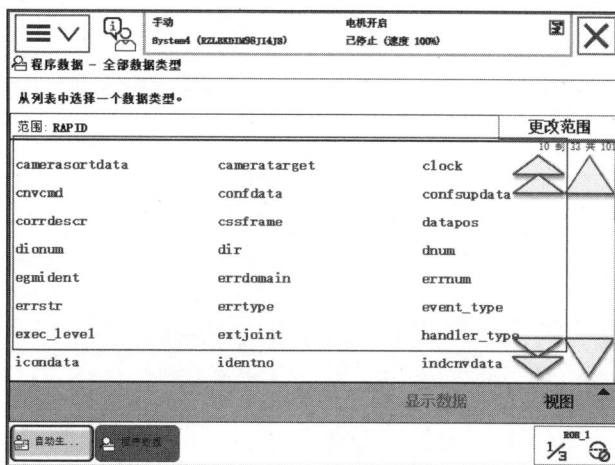

图 5-2-3　程序数据列表

2. 程序数据的分类

常用的程序数据类型及说明如图 5-2-4 所示。

程序数据类型	说明
bool	布尔量
byte	整数数据 0~255
clock	计时数据
dionum	数字输入输出信号
extjoint	外轴位置数据
intnum	中断标志符
jointtarget	关节位置数据
loaddata	负荷数据
num	数值数据
pos	位置数据（只有 X、Y 和 Z）
robjoint	机器人轴角度数据
speeddata	机器人与外轴的速度数据
string	字符串
tooldata	工具数据
trapdata	中断数据
wobjdata	工件数据
zonedata	TCP 转弯半径数据

图 5-2-4　常用的程序数据类型及说明

3. 创建程序数值数据

建立程序数值数据 num 的操作步骤如表 5-2-1 所示。

表 5-2-1 建立程序数值数据操作步骤

序号	操作说明	图示
1	在示教器的主菜单界面中，选择"程序数据"选项	
2	在数据类型列表中，双击"num"	
3	在打开的界面中，点击"新建"按钮	
4	进入数据参数设定界面，可根据需要修改参数；参数修改完毕后，点击"确定"按钮	

续表

序号	操作说明	图示
5	在数据列表中,选中新建的"reg6"选项,点击进入修改初始值界面	
6	点击对应"值"的文本框内,根据需要输入初始值,例如"5";点击"确定"按钮,初始值设定完毕	
7	在此界面继续点击"确定"按钮,完成程序数值数据的建立	

4. 程序数据的存储类型

每一种程序数据都需要设定存储类型(图 5-2-5),存储类型决定了系统将在哪一个数据存储区为变量分配存储空间,从而也决定数据类型在程序中的属性。

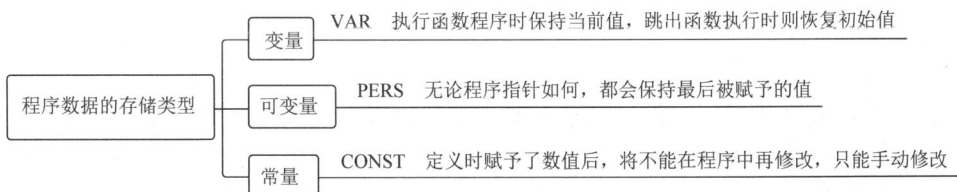

程序数据的存储类型
- 变量 —— VAR 执行函数程序时保持当前值,跳出函数执行时则恢复初始值
- 可变量 —— PERS 无论程序指针如何,都会保持最后被赋予的值
- 常量 —— CONST 定义时赋予了数值后,将不能在程序中再修改,只能手动修改

图 5-2-5 程序数据的存储类型

1）变量 VAR

变量 VAR 的使用如图 5-2-6 所示。

●程序数据length的声明初始化为0。

●当程序执行到main函数时，初始化值将丢失，length值为10。

●当程序跳出main函数时，length恢复初始值0，当执行Routine1时，length值为15。

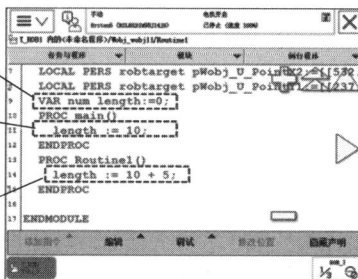

图 5-2-6　变量 VAR 的使用

2）可变量 PERS

可变量 PERS 的使用如图 5-2-7 所示。

●PERS string string1:= "hello"表示字符型程序数据，可变量存储类型，名称为string1，初始值为hello。

●程序执行至string1:=usbdisk2；之前，string1值始终为hello，直至执行后重新赋值为usbdisk2。

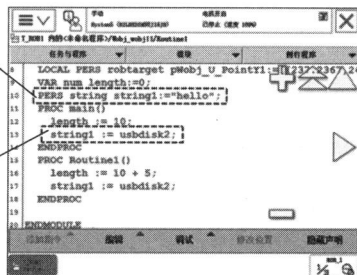

图 5-2-7　可变量 PERS 的使用

3）常量 CONST

常量 CONST 的使用如图 5-2-8 所示。

●CONST num q:=3.14；表示数字型程序数据存储为常量，初始值为3.14，那么该值将不能在程序中修改。

●在主函数中，length:=q; 实现对q的引用，将q的值赋值给length，length的值将变为3.14，q的值仍是初始值3.14。

图 5-2-8　常量 CONST 的使用

5. ":=" 赋值指令

":="赋值指令用于对程序数据进行赋值，赋值可以是一个常量或数学表达式。

常量赋值：reg1:=5;

数学表达式赋值：reg1:=reg1+1;

6. 偏移功能函数

（1）Offs 偏移功能函数。以选定的目标点为基准，沿着选定工件坐标系的 X 轴、Y 轴、Z 轴方向偏移一定的距离。

```
MoveL Offs(p10,0,0,10), v1000, z50, tool0/wobj:=wobj1;
```

将机器人TCP移动至以p10为基准点、沿着wobj1的Z轴正方向偏移10mm的位置。

（2）以 p20:=Offs(p10,100,200,300);为例，讲解赋值指令与偏移功能函数的具体操作步骤，如表 5-2-2 所示。

表 5-2-2　赋值指令与偏移功能函数的操作步骤

序号	操作说明	图示
1	点击"添加指令"按钮，打开添加指令列表，选择":="赋值选项	
2	点击"更改数据类型"按钮	
3	在数据类型列表中，选择"robtarget"选项，点击"确定"按钮	

续表

序号	操作说明	图示
4	点击"新建",分别建立名称为"p30"和"p10"的变量(常量是不可以通过赋值指令进行赋值的),然后点击"确定"按钮	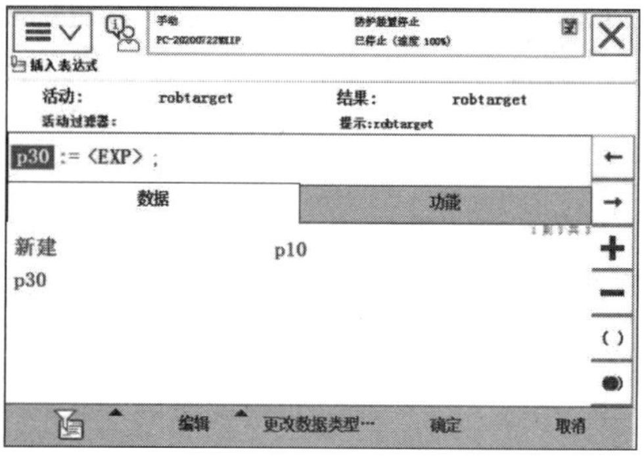
5	选择赋值指令后的"<EXP>",点击"功能"标签	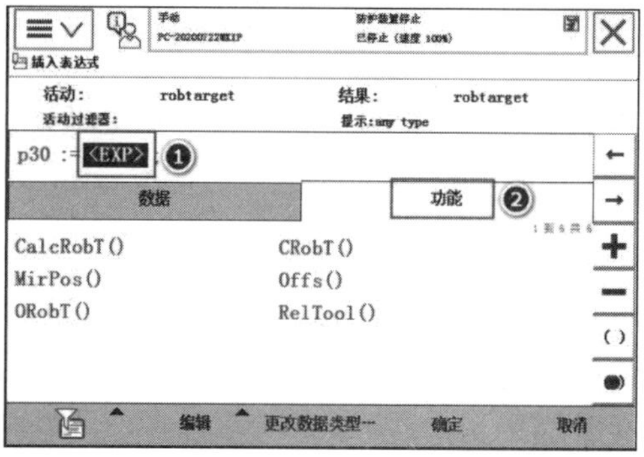
6	在"功能"列表中,选择"Offs()"选项	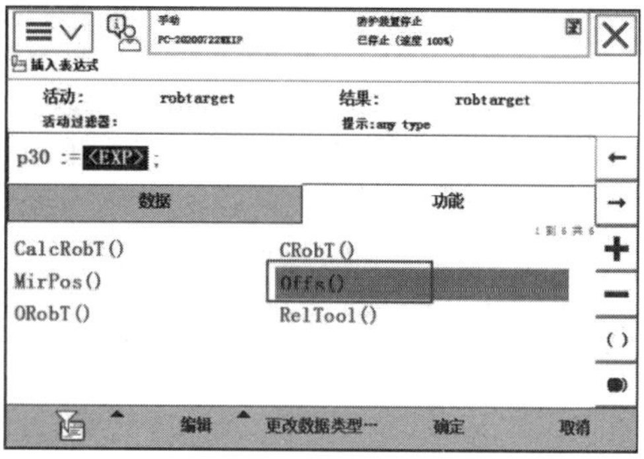
7	选中第一个"<EXP>",在"数据"列表中选择"p10"选项	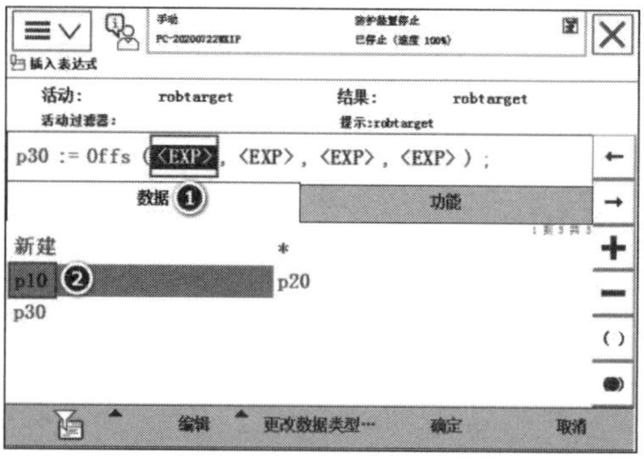

续表

序号	操作说明	图示
8	选中第二个"<EXP>"，点击"编辑"按钮，在弹出的快捷菜单中选择"仅限选定内容"选项	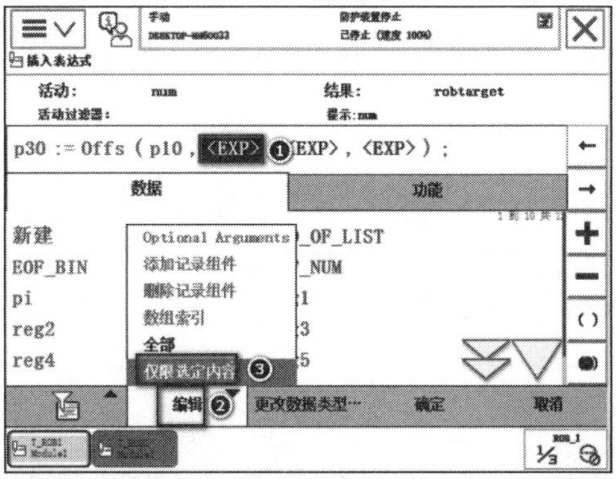
9	在数值文本框中输入"100"，点击"确定"按钮，即可完成 X 方向偏移值 100mm 的设定	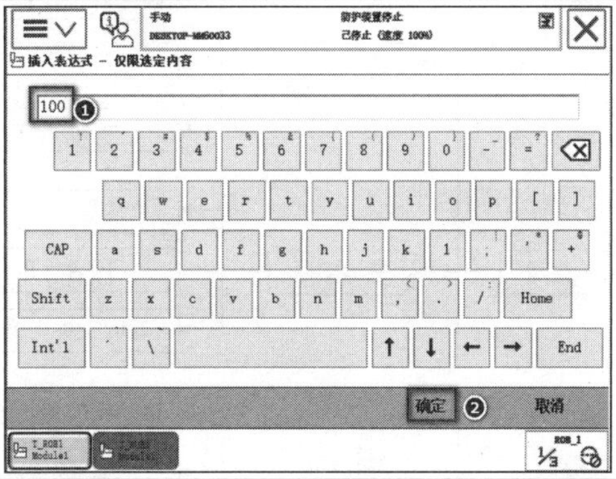
10	同理，在后面两个<EXP>分别输入 Y、Z 方向的偏移值 200mm、300mm；X、Y、Z 方向的偏移值全部设定完成后点击"确定"按钮	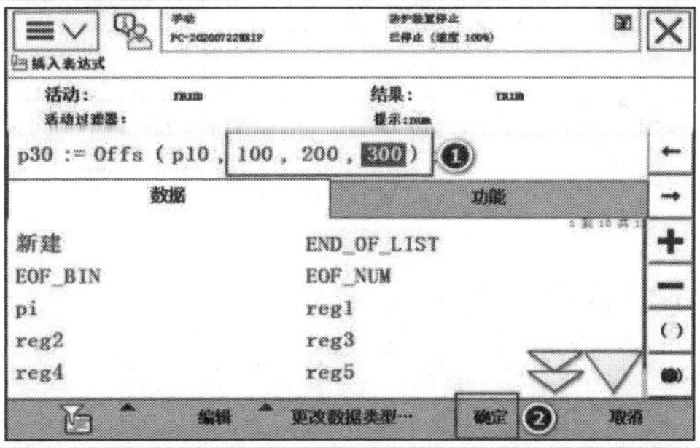
11	完成功能指令 Offs 的操作	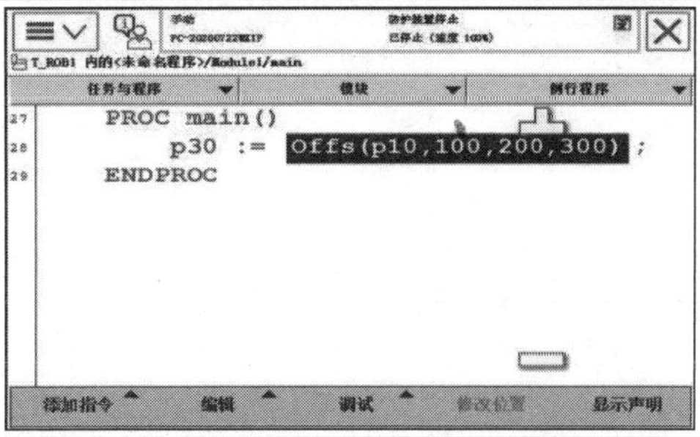

五、任务实施

（一）配置 I/O 板

要求根据设备实际I/O板情况配置参数。

（二）配置 I/O 信号

（1）定义夹爪夹放信号（数字量输入信号）。

（2）定义夹爪夹放完成信号（数字量输出信号）。

（三）编写并调试运行程序

请结合简单搬运流程图（图 5-2-9）和批量搬运流程图（图 5-2-10），使用 Offs 指令与 FOR 指令提高效率，编写从平台 A 第 1、2、3 工位到平台 B 第 1、2、3 工位批量搬运集装箱的程序并调试运行。

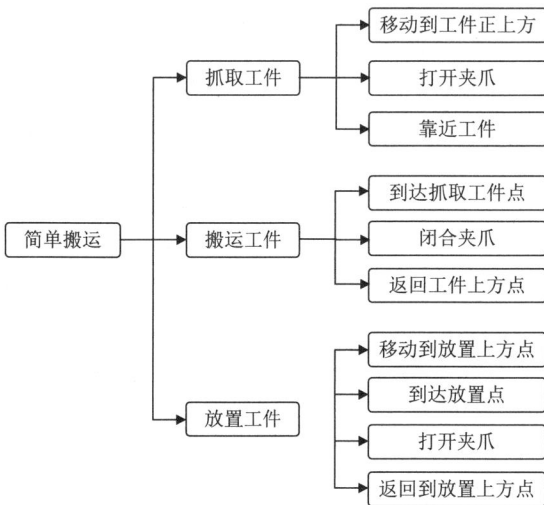

图 5-2-9　简单搬运流程图　　　　图 5-2-10　批量搬运流程图

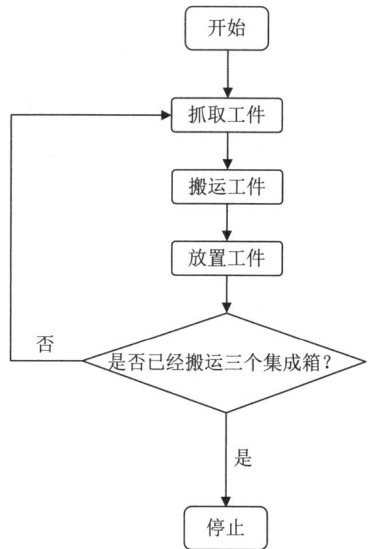

示例程序如下：

```
1. Reg1:=0;                                      Reg1 记录搬运次数
2.  MoveAbsJ Home,v200,z0,tool1;                 工作原点 Home
3. For q from 1 to 3;                            循环搬运三次
MoveJ Offs(P10,reg1*100,0,200),v200,z0,tool1;    A1 工件上方点
WaitTime 0.5;                                    延时 0.5s
Reset do_jiazhua;                                松开夹爪
WaitTime 0.5;
MoveL Offs(P10,reg1*100,0,0),v200,z0,tool1;      A1 工件点 P10
WaitTime 0.5;
Set do_jiazhua;                                  夹紧夹爪
WaitTime 0.5;
MoveL Offs(P10,reg1*100,0,200),v200,z0,tool1;    A1 工件上方点
MoveJ P30,v200,z0,tool1;                          取放料过渡点 P30
MoveJ Offs(P20,reg1*100,0,200),v200,z0,tool1;    B1 上方点
MoveL Offs(P20,reg1*100,0,0),v200,z0,tool1;      B1 放料点 P20
WaitTime 0.5;
Reset do_jiazhua;                                松开夹爪
WaitTime 0.5;
```

```
MoveL Offs(P20,reg1*100,0,200),v200,z0,tool1;    B1 上方点
MoveJ P30,v200,z0,tool1;                          取放料过渡点 P30
Reg1:=Reg1+1;
ENDFOR
```

六、学习评价

完成任务学习后，请同学们对学习结果进行评价，并填写表 5-2-3。

表 5-2-3 任务 5.2 学习结果评价表

序号	评价内容及标准	评价结果	
1	能够按要求正确配置 I/O 板。 I/O 板配置标准：总线连接为 DeviceNet Device，地址范围为 10～63，具体地址由 I/O 板上的 X5 端子跳线决定	□合格	□不合格
2	能够正确配置夹爪夹放信号。 I/O 信号配置标准：信号类型为 Digital Output，所选择的板为 D652，地址范围 0～15	□合格	□不合格
3	能够正确计算搬运集装箱数量	□合格	□不合格
4	能够正确使用偏移功能函数进行批量搬运	□合格	□不合格

七、作业小测

1. 判断题

（1）ABB 工业机器人系统的程序数据类型并不是很多，共有 67 种。　　　　（　　）

（2）P10 表示机器人运行的目标点，不属于程序数据的范畴。　　　　（　　）

（3）V1000 代表的是程序数据中的速度数据。　　　　（　　）

（4）tool0 表示机器人的工具坐标 TCP，也是程序数据的范畴。　　　　（　　）

（5）每个程序数据的建立都需要定义其存储类型。　　　　（　　）

（6）bool 程序数据类型有 0 和 1 两种状态。　　　　（　　）

（7）num 表示字符型类型，定义后可以对其进行字符串的赋值操作。　　　　（　　）

（8）string 表示字符型类型，定义后可以对其进行字符串的赋值操作。　　　　（　　）

（9）string 表示数字型类型，定义后可以对其进行数字的赋值操作。　　　　（　　）

（10）num 表示数字型类型，定义后可以对其进行字符串的赋值操作。　　　　（　　）

（11）程序数据的建立只能在示教器的程序数据界面中创建。　　　　（　　）

（12）程序数据的建立只能在指令的创建时进行生成，若采用其他方式将会出现错误。　　　　（　　）

（13）程序数据的建立可以有两种方式，一种是在示教器程序数据界面中创建，另一种是在指令添加时生成。　　　　（　　）

（14）程序数据创建过程中的存储类型是在属性中设置的，设置后不可更改。　　　　（　　）

（15）程序数据创建过程中的存储类型是在属性中设置的，设置后也可更改。　　　　（　　）

（16）程序数据都属于全局的使用范围，创建过程中不需要设定。　　　　（　　）

（17）为了方便使用，程序数据的创建是自动生成在模块中的。　　　　（　　）

（18）为了方便使用，程序数据的创建是自动生成在例行程序中的。　　　　（　　）

（19）程序数据创建的生成位置是可以在属性中设置的，根据需要可以生成在程序模块中或例行程序中。　　　　　　　　　　　　　　　　　　　　　　（　　）

（20）创建的程序数据需要在例行程序中进行初始化赋值，程序数据在创建过程中是没有初始化值设置的。　　　　　　　　　　　　　　　　　　　　　　（　　）

（21）在程序数据的创建过程中，其初始化值可以在属性中进行设置。　　（　　）

（22）默认的程序数据是一维数的，表示该参数包含 1 个数值空间。　　（　　）

（23）程序数据的维数是指程序数据在工业机器人中的坐标维数，与数据本身的值是没有关联的。　　　　　　　　　　　　　　　　　　　　　　　　　　　（　　）

（24）常见的工具坐标数据 tool0 一定是多维数组的程序数据。　　　　（　　）

（25）常见的工件坐标数据 wobj1 一定是多维数组的程序数据。　　　　（　　）

（26）程序数据必须创建后才可以在程序中使用，没有创建的程序数据是不能直接使用的。　　　　　　　　　　　　　　　　　　　　　　　　　　　　　（　　）

（27）常见的工具坐标数据 tool0 可能是一维数组的程序数据。　　　　（　　）

（28）根据存储类型的不同，程序数据的创建名称是可以重复的。　　　（　　）

（29）程序数据的创建名称在同一种存储类型中也是可以重复的。　　　（　　）

2. 拓展任务

现有三个集装箱需要搬运，如图 5-2-11 所示，请完成以下任务：

（1）I/O 板和 I/O 信号的配置。

（2）编写程序，实现平台 A 第 1、2、3 工位的集装箱先后搬运到平台 B 的同一个工位摞成一摞。

（3）利用仿真软件进行验证，最终进行实操，完成任务。

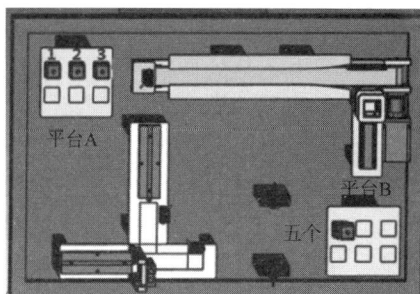

图 5-2-11　批量搬运拓展任务示意图

工业机器人码垛

项目情境 ☞ 码垛机器人将逐步取代传统码垛设备以实现生产制造"新自动化、新无人化",码垛行业也将因码垛机器人的出现而步入"新起点"。

某食品加工企业生产线上的产品需要进行码垛作业,传统的人工码垛方式效率低下,而且存在人为疏漏和误操作的风险。为了提高生产效率和安全性,企业决定引入码垛机器人搬运系统。码垛机器人搬运系统能够精准地识别产品的尺寸和重量,根据预设方案进行码垛作业。该系统不仅能够提高作业效率,还能够减少人为疏漏和误操作带来的风险。图 6-0-1 所示为码垛机器人在啤酒、饮料和袋装物料等方面的应用实例。通过本项目的学习,学生能使用循环指令 WHILE 和 IF 条件判断指令实现工业机器人码垛等任务,培养学生爱岗敬业的行为品格和习惯,锤炼工匠精神。

图 6-0-1　工业机器人在码垛搬运方面的广泛应用

任务 6.1　简 单 码 垛

一、任务描述

码垛是指在生产过程中，将相同规格、相同品种或相似品种的产品按照一定规律堆放起来，形成一个整齐美观、易于管理和运输的物流单元，通俗来讲就是将货物按照一定规则摆放整齐。相关统计数据指出，中国机器人市场规模达 174 亿美元，其平均增长率高于同期全球机器人市场平均增长率，国内整体市场规模仍在进一步扩大。人工智能、物联网、大数据、交互技术的快速发展，尤其是 5G 的应用，将给机器人产业带来巨大的发展空间。有理由相信，中国机器人将是中华民族实现伟大复兴的强力助推者。只要我们学习基础扎实、综合素质高、社会责任感强，具有国际视野和创新精神，一定会成为工业机器人技术相关的高级工程技术及科研人才。

如图 6-1-1 所示为简单码垛示意图，请将五个方块工件从模块 A 码垛到模块 B 上，需要依次完成 I/O 配置、程序数据创建、目标点示教、程序编写及调试等操作，最终完成整个搬运工作任务。

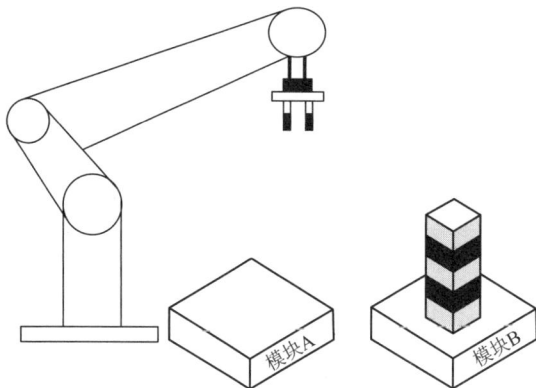

图 6-1-1　简单码垛示意图

二、学习目标

- 能够说出循环指令 WHILE 的功能。
- 能够说出工业机器人码垛的基本知识。
- 能够添加循环指令 WHILE 并正确添加循环条件。
- 能够根据任务要求使用循环指令 WHILE 进行简单码垛编程。

三、导学框图

任务 6.1 的导学框图如图 6-1-2 所示。

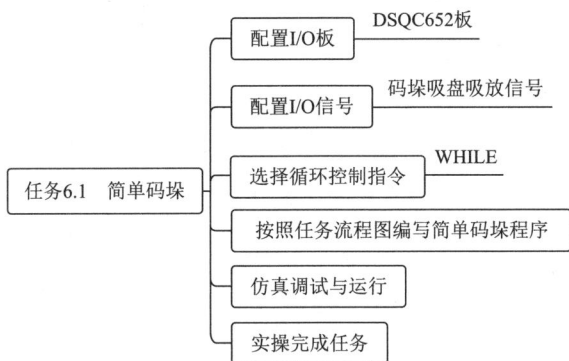

图 6-1-2 任务 6.1 导学框图

四、任务探究

（1）在码垛工件时，夹爪始终保持_____的姿态，且夹爪工作面与工件表面贴合。机器人运行轨迹要求平缓流畅，拾取和放置工件时要求_____和_____。

（2）结合任务分析连续码垛五个工件所需要的循环指令是_____，机器人码垛的动作可分解为循环工件数量判断、抓取工件、移动工件、放置工件等一系列子任务，还可以进一步分解为移动到工件正上方点、靠近工件等一系列动作，具体工作流程如图 6-1-3 所示。

（3）循环指令 WHILE 的功能是什么？

在给定条件满足的情况下，一直重复执行 WHILE 和 ENDWHILE 之间的程序，直到不满足循环条件。

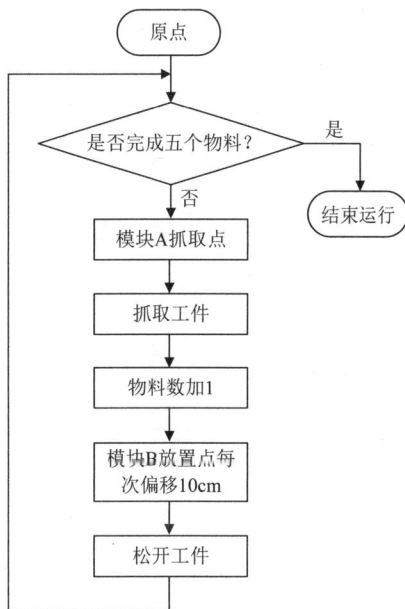

图 6-1-3 工作流程图

举 例

如图 6-1-4 所示，如果变量 reg1<reg2 条件一直成立，则重复执行 reg1 加 1，直至 reg1<reg2 条件不成立为止。

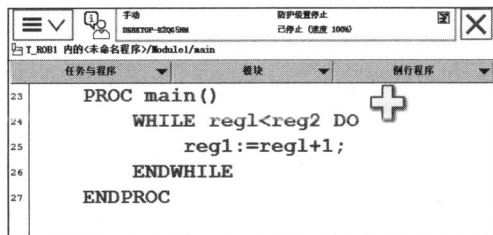

图 6-1-4 WHILE 条件判断指令

添加：WHILE reg1<reg2 DO、reg1:=reg1+1；指令的具体操作步骤如表 6-1-1 所示。

表 6-1-1　添加 WHILE 指令的操作步骤

步骤	操作说明	图示
1	打开添加 WHILE——DO 指令列表	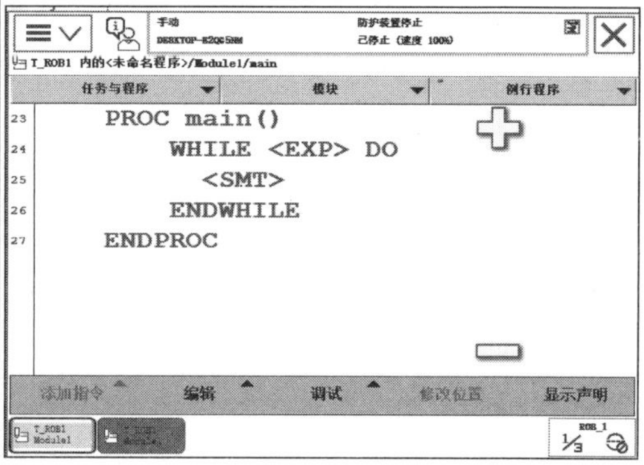 手动 DESKTOP-R2QG5BM　防护装置停止　己停止（速度 100%） T_ROB1 内的<未命名程序>/Module1/main 任务与程序　模块　例行程序 23　PROC main() 24　WHILE <EXP> DO 25　<SMT> 26　ENDWHILE 27　ENDPROC 添加指令　编辑　调试　修改位置　显示声明 T_ROB1 Module1
2	确定为 num 数据类型，若不是此数据类型，可将其更改为此数据类型。选择"reg1"	手动 DESKTOP-R2QG5BM　防护装置停止　己停止（速度 100%） 插入表达式 活动：　num　结果：　num 活动过滤器：　提示：num reg1 数据　功能 新建　END_OF_LIST EOF_BIN　EOF_NUM pi　reg1 WAIT_MAX 编辑　更改数据类型…　确定　取消 T_ROB1 Module1
3	添加变量 reg1<reg2 条件	手动 DESKTOP-R2QG5BM　防护装置停止　己停止（速度 100%） 输入面板 reg1<reg2 （键盘） 确定　取消 T_ROB1 Module1
4	添加变量 reg1：=reg1+1 条件	手动 DESKTOP-R2QG5BM　防护装置停止　己停止（速度 100%） 插入表达式 活动：　num　结果：　num 活动过滤器：　提示：num reg1 := reg1 + 1 : 数据　功能 新建　END_OF_LIST EOF_BIN　EOF_NUM pi　reg1 reg2　WAIT_MAX 编辑　更改数据类型…　确定　取消 T_ROB1 Module1

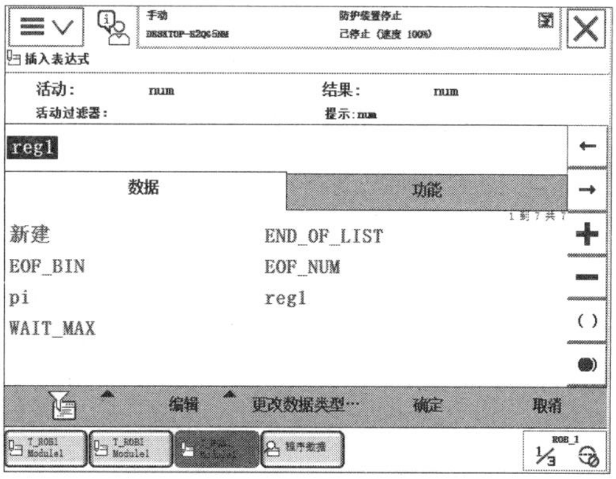

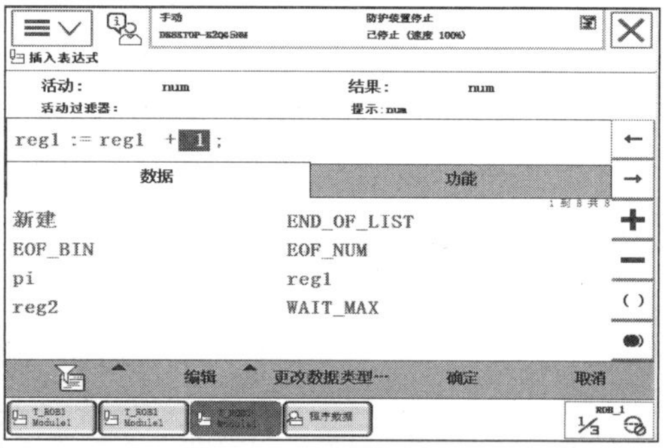

续表

步骤	操作说明	图示
5	点击"确定"按钮,完成添加循环 WHILE 指令的操作	

使用 WHILE 指令的说明:

(1)在 WHILE 语句中可以再嵌套 WHILE 语句,最好嵌套 16 层。

(2)不能在 WHILE 语句里面使用 GOTO 语句跳出,否则,经过一定次数的循环后,最终会因堆栈内存不足而报警。

(3)可以使用 Break 语句中途退出 WHILE 语句。

(4)WHILE 语句必须和 ENDWHILE 语句配套使用。

五、任务实施

(一)观看录像

观看码垛机器人在工厂自动化生产线中的应用录像,记录工业机器人的品牌及型号,查阅相关资料,了解搬运机器人在实际生产中的应用。

(二)规划程序点和运动路径

本任务采用在线示教的方式编写简单的码垛任务,规划五个程序点作为工件码垛点(各程序点的说明见表 6-1-2)和码垛运动轨迹(图 6-1-5),将五个工件块从码垛编码模块 A 搬到码垛编码模块 B。

表 6-1-2　程序点说明

程序点	说明	程序点	说明
程序点 1	Home 点	程序点 4	放置位置正上方点
程序点 2	抓取位置正上方点	程序点 5	放置位置点
程序点 3	抓取位置点		

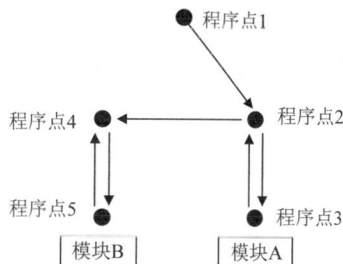

图 6-1-5　码垛运动轨迹

(三)示教前的准备

根据表 6-1-3 中的参数配置 I/O 单元。

表 6-1-3　I/O 单元参数

Name	Type of Unit	Connected to Bus	DeviceNet Address
Board10	D652	DeviceNet1	10

根据表 6-1-4 的参数配置 I/O 信号。

表 6-1-4　I/O 信号参数

Name	Type of Signal	Assigned to Unit	Unit Mapping	I/O 信号注释
do00_xipan	Digital Output	Board10	0	控制吸盘
di07_MotorOn	Digital Input	Board10	7	电机上电（系统输入）
di08_Start	Digital Input	Board10	8	程序开始执行（系统输入）
di09_Stop	Digital Input	Board10	9	程序停止执行（系统输入）
di10_StartAtMain	Digital Input	Board10	10	从主程序开始执行（系统输入）
dill_EstopReset	Digital Input	Board10	11	急停复位（系统输入）
do06_Estop	Digital Output	Board10	6	急停状态（系统输出）

（四）建立程序

码垛程序由主程序、初始化子程序、抓取例行程序、放置例行程序等子程序构成，具体见表 6-1-5。

表 6-1-5　码垛程序说明

序号	程序	说明
1	main	主程序
2	laitA	初始化子程序
3	rPick	抓取例行程序
4	rPlace	放置例行程序

1. 主程序

主程序用于控制整个流程，是程序的入口，程序代码如下：

```
PROC main()
laitA;                      ! 调用程序 laitA
   reg1:=0;                 ! 将变量 reg1 清零
   WHILE reg1<5 DO          ! 利用 WHILE 指令循环五次码垛工件
      rPick;                ! 调用程序 rPick
      rPace;                ! 调用程序 rPace
      reg1:=reg1+1;         ! 变量 reg1 加 1
   ENDWHILE
ENDPROC
```

2. 初始化子程序

初始化子程序用于将机器人回到安全工作原点（pHome 点位），防止因机器人未回位就启动系统带来机械臂和工作台发生碰撞的危险。初始化子程序还可以对信号及变量复位，具体程序代码如下：

```
PROC laitA()
    MoveJ pHome,v1000,z50,tool1\wobj:=wobj1;   ! 使机器人到达 pHome 点
    Reset do0_xipan;                            ! 将 do0_xipan 信号初始化
    reg1:=0;                                    ! 将变量 reg1 清零
ENDPROC
```

3. 抓取例行程序

抓取子程序主要用于拾取工件，动作路径包括机器人运动到拾取位和放置位中间的过渡点→拾取位正上方→拾取位→抓紧工件→拾取位正上方→过渡点。

抓取工件块的目标点位是固定不变的，抓取工件块子程序代码如下：

```
PROC rpick()
    MoveJ offs(pPick,0,0,100),v1000,z50,tool1\wobj:=wobj1;
! 运动到拾取点正上方 100mm
MoveL pPick,v1000,z50,tool1\wobj:=wobj1;     ! 运动到拾取点
    Set do0_xipan;                     ! 置位吸盘信号，抓取工件块
    WaitTime 0.5;                      ! 等待 0.5s
    MoveJ offs(pPick,0,0,100),v1000,z50,tool1\wobj:=wobj1;
! 运动到拾取点正上方 100mm
ENDPROC
```

4. 放置例行程序

放置子程序主要用于放置工件，动作路径包括机器人运动到拾取位和放置位中间的过渡点→放置位正上方→放置位→松开工件→放置位正上方→过渡点。以第一层工件块放置位置 pPace 为基准点，上面每层码放时的放置点位均相对于 pPace 向上增加层高乘层数，因此在程序中可以通过一个赋值指令，在循环码垛过程中计算每个工件块的放置位置，程序代码如下：

```
PROC rPlace()
    MoveJ offs(pPace,0,0,100+reg1*20),v1000,z50,tool1\wobj:=wobj1;
! 运动拾取位置正方向 100mm 加上 1 码垛工件块 20mm 高度处
    MoveJ offs(pPace,0,0,reg1*20),v1000,z50,tool1\wobj:=wobj1;
! 运动拾取位置加上 1 码垛工件块 20mm 高度处
    Reset do0_xipan;          ! 复位夹爪信号，放下工件块
    WaitTime 0.5;             ! 等待 0.5s
    MoveJ offs(pPace,0,0,100+reg1*20),v1000,z50,tool1\wobj:=wobj1;
! 运动拾取位置正方向 100mm 加上 1 码垛工件块 20mm 高度处
ENDPROC
```

5. 程序建立的实施步骤

（1）建立如图 6-1-6 所示的例行程序。

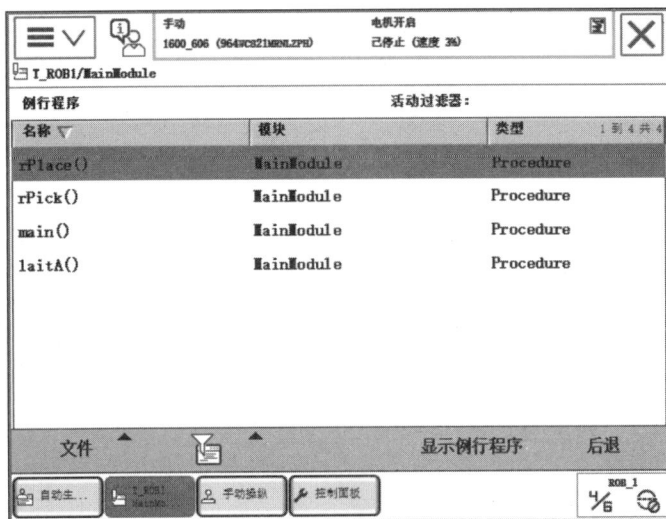

图 6-1-6　建立例行程序

（2）初始化例行程序的具体操作步骤如表 6-1-6 所示。

表 6-1-6　初始化例行程序的操作步骤

步骤	操作说明	图示
1	在例行程序列表中选择"laitA()"，点击"显示例行程序"按钮	
2	在手动操纵界面中，确认已选择要使用的工具坐标与工件坐标	

续表

步骤	操作说明	图示
3	选择"<SMT>"为插入指令的位置，点击"添加指令"按钮，在弹出的指令列表中选择"MoveJ"选项	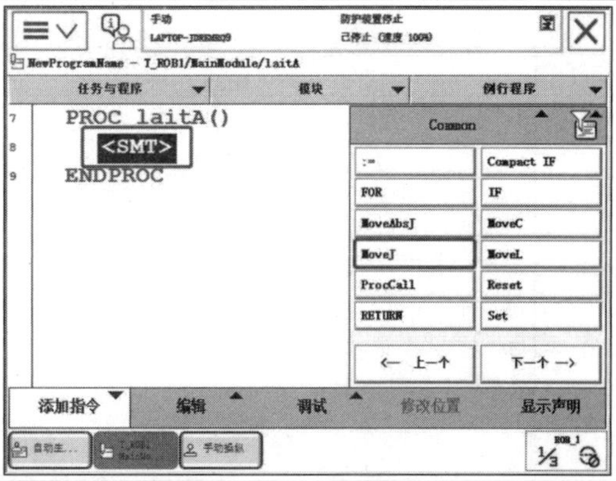
4	双击"*"，进入指令参数修改界面，新建或选择对应的参数数据；选择合适的动作模式，使用操纵杆将机器人移动到机器人的 pHome 点，点击"修改位置"按钮	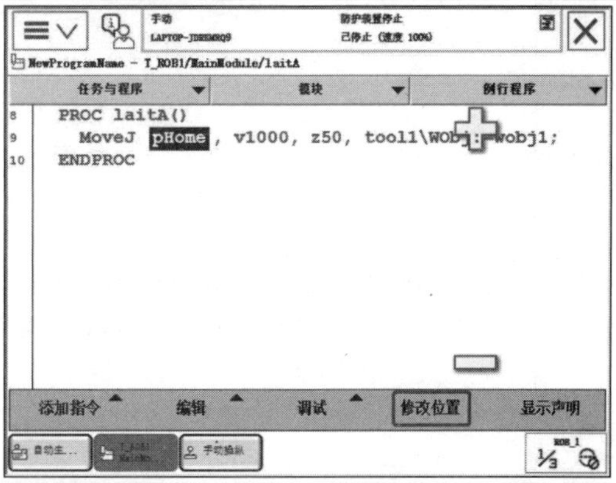
5	点击"添加指令"按钮，选择"Reset"指令；选择已建立好的输出信号"do0_xipan"，点击"确定"按钮，使信号初始化，复位吸盘信号，关闭真空	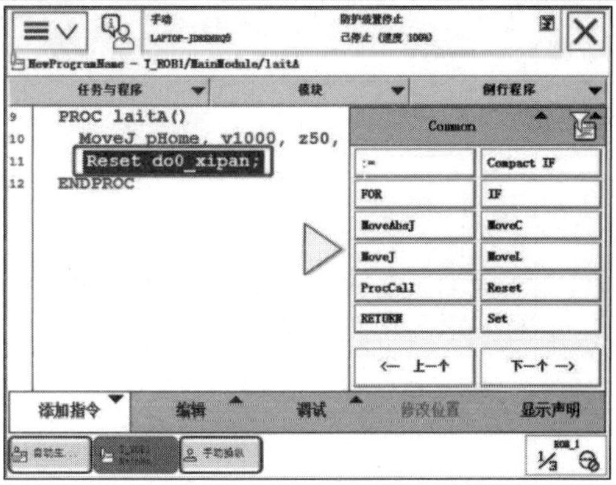
6	将变量"reg1"清零	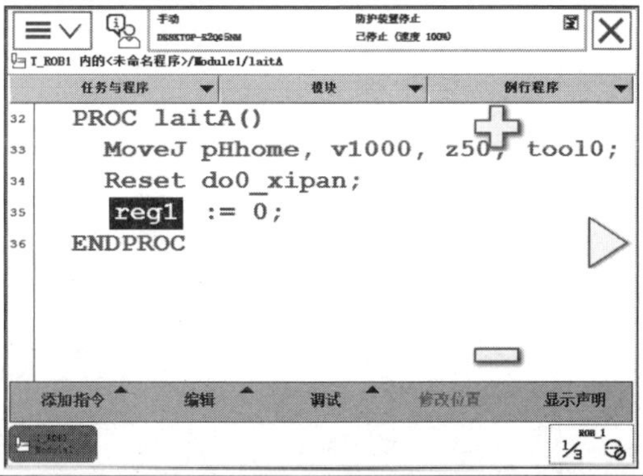

（3）抓取例行程序的具体操作步骤如表 6-1-7 所示。

表 6-1-7　抓取例行程序的操作步骤

步骤	操作说明	图示
1	在例行程序列表中选择"rPick()"，点击"显示例行程序"按钮	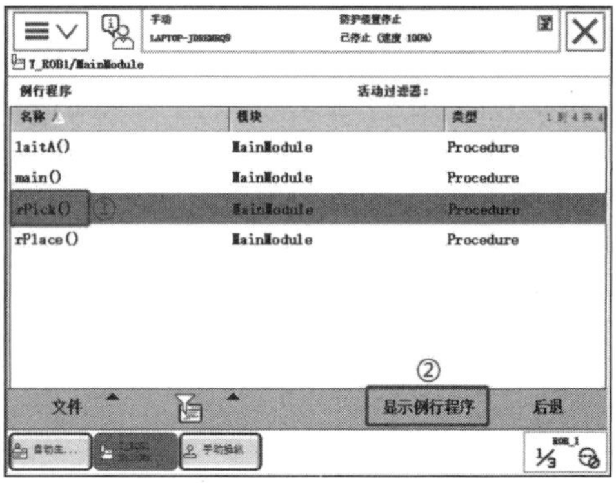
2	选择"<SMT>"为插入指令的位置，点击"添加指令"按钮，在弹出的指令列表中选择"MoveJ"选项	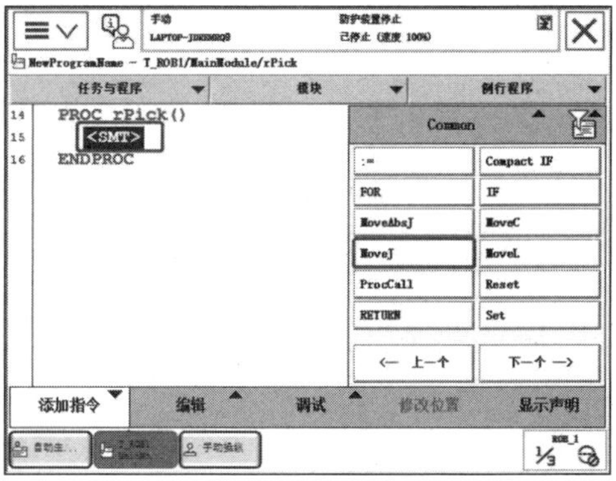
3	在程序界面，点击"添加指令"按钮，选择"MoveJ"选项，双击"*"，在弹出的系统窗口中，选择"功能"选项卡，选择"Offs"选项	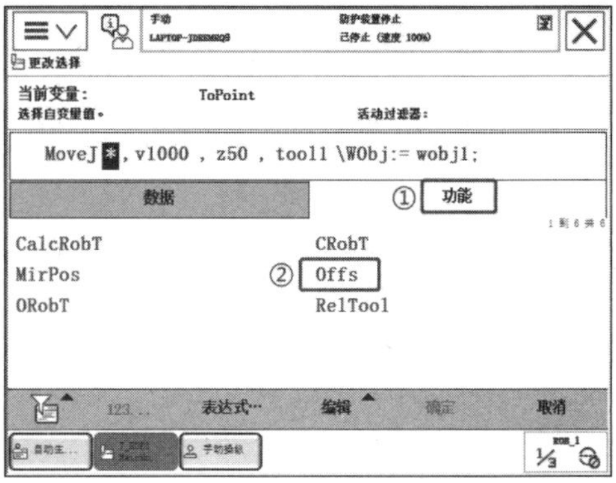
4	在弹出的系统窗口中，新建"pPick"，并选择"pPick"	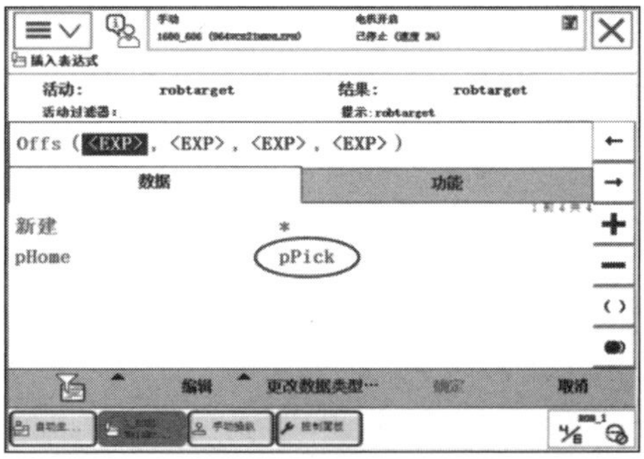

续表

步骤	操作说明	图示
5	在弹出的系统窗口中，点击"编辑"按钮，在弹出的快捷菜单中选择"仅限选定内容"选项	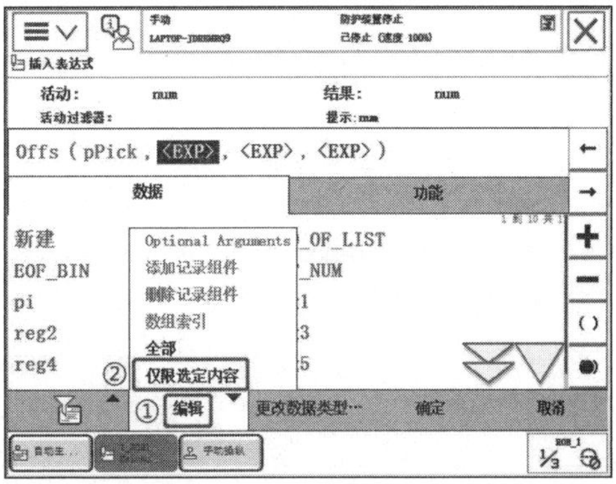
6	设置 X 轴、Y 轴、Z 轴的参数，完成后点击"确定"按钮；利用 MoveJ 指令将机器人移至拾取位置 pPick 点正上方 Z 轴正方向 100mm 处	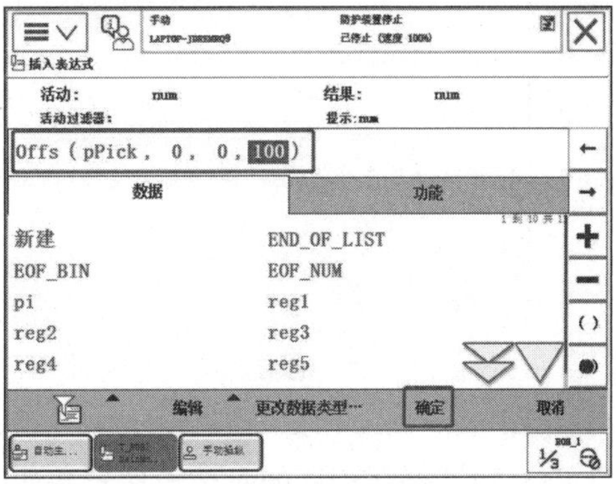
7	添加"MoveL"指令，并按照右图所示设定参数，利用 MoveL 指令将机器人移至拾取位置 pPick 点处	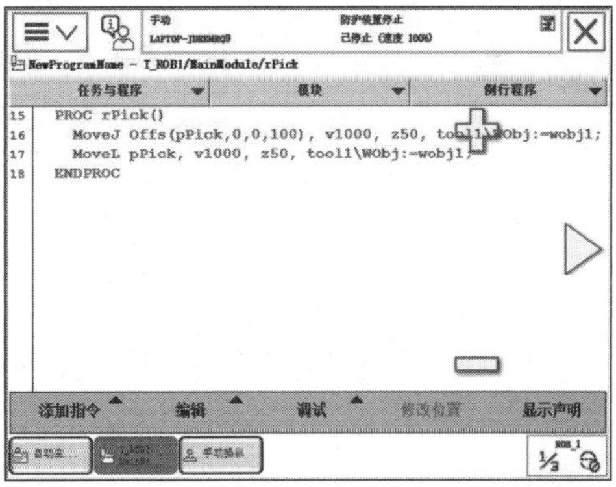
8	添加"Set"指令，并按照右图所示设定参数，置位吸盘信号，抓取工件块	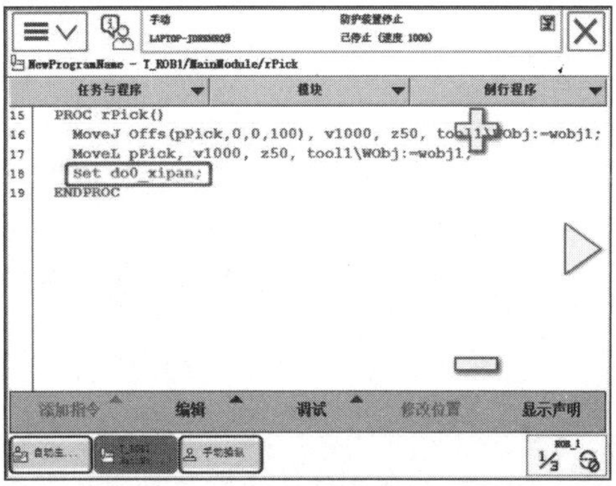

步骤	操作说明	图示
9	点击"添加指令"按钮,选择"WaitTime"选项,点击"123",在右侧数字栏中输入"0.5",点击"确定"按钮,上述操作可防止在不满足机器人动作情况下程序扫描过快,造成 CPU 过负荷	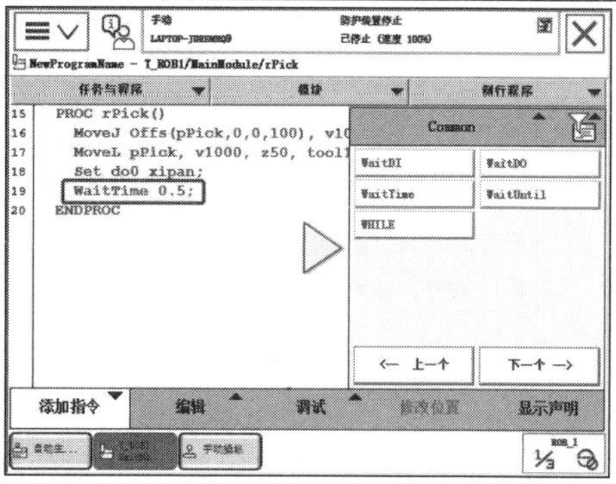
10	利用 MoveL 指令将机器人移至抓取位置 pPick 点正上方 100mm 处	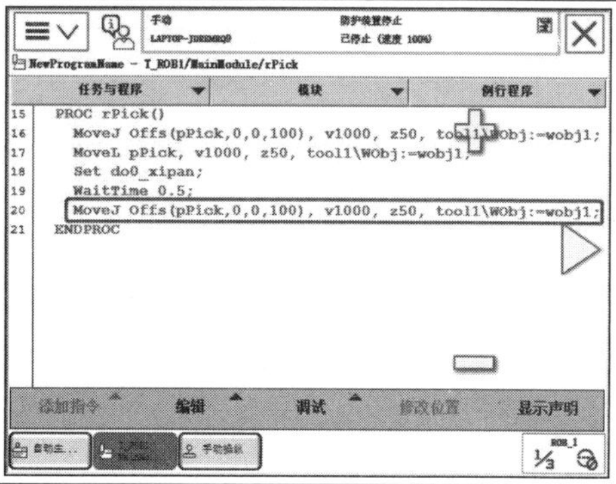

(4)放置例行程序的具体操作步骤如表 6-1-8 所示。

表 6-1-8 放置例行程序的操作步骤

步骤	操作说明	图示
1	在例行程序列表中选择"rPlace()",点击"显示例行程序"按钮	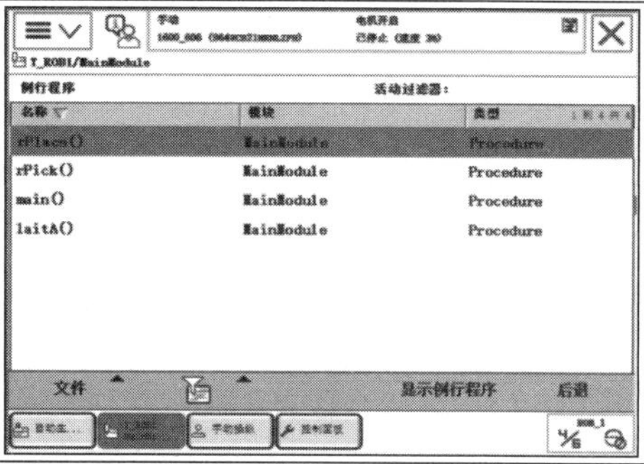
2	利用 MoveJ 指令将机器人移至抓取位置 pPace 点正上方 100mm 处	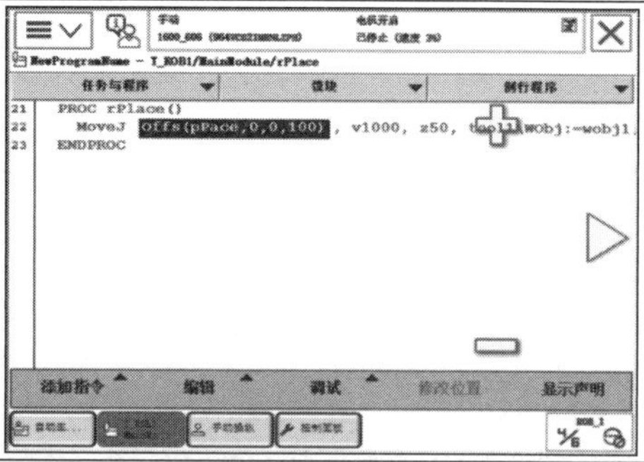

步骤	操作说明	图示
3	利用 MoveL 指令将机器人移至抓取位置 pPlace 点处	
4	复位夹爪信号，放下工件块	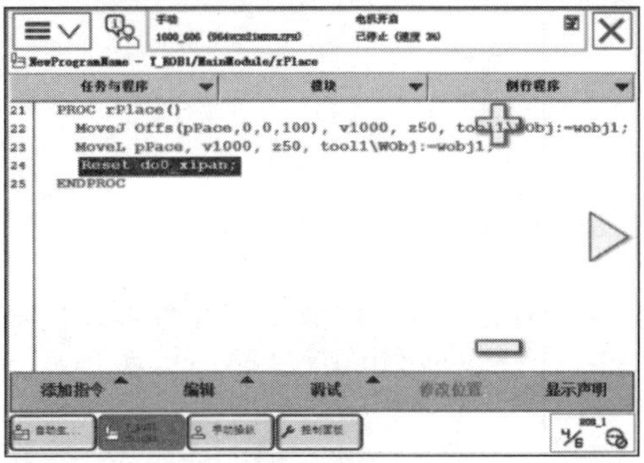
5	等待 0.5s，以保证夹爪已将工件完全放下	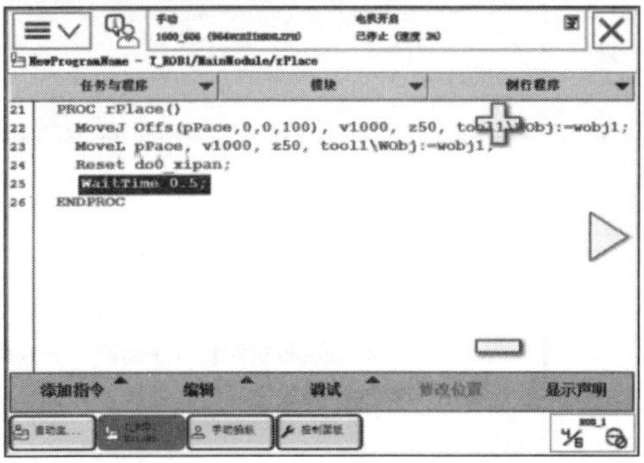
6	利用 MoveL 指令将机器人移至抓取位置 pPlace 点上方 100mm 处	

（5）主程序的具体操作步骤如表 6-1-9 所示。

表 6-1-9　主程序的操作步骤

步骤	操作说明	图示
1	在例行程序列表中选择"main()"，点击"显示例行程序"按钮	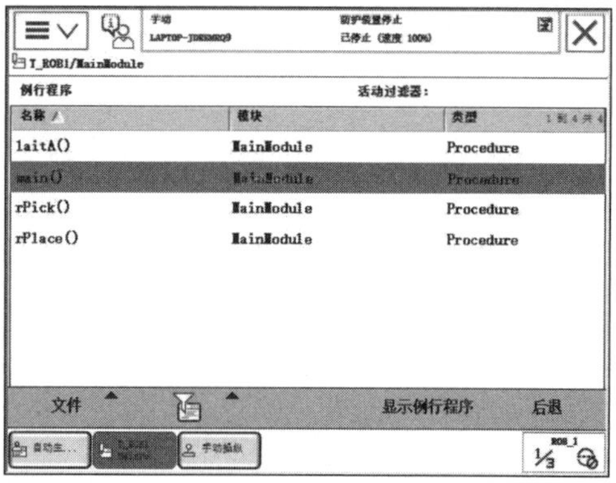
2	点击"添加指令"按钮，选择"ProcCall"选项，选择要调用的例行程序"laitA"，点击"确定"按钮，调用初始化例行程序	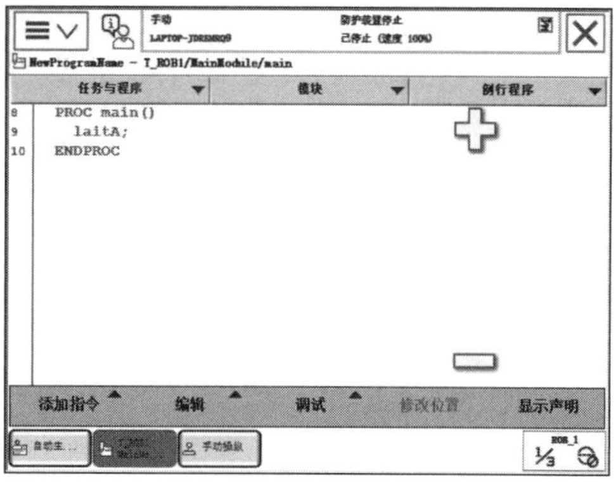
3	点击"添加指令"按钮，选择"WHILE"选项，利用 WHILE 循环五次将初始化程序隔开，即只在第一次运行时需要执行初始化程序，之后循环执行抓取放置动作	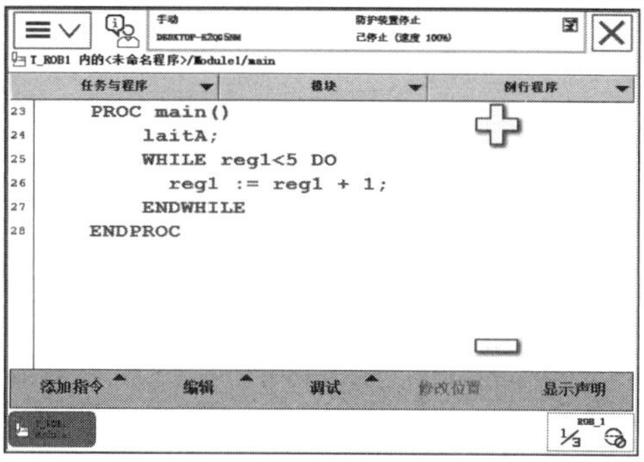
4	点击"添加指令"按钮，选择"ProcCall"选项，选择要调用的例行程序"rPick"和"rPlace"，点击"确定"按钮，调用初始化例行程序	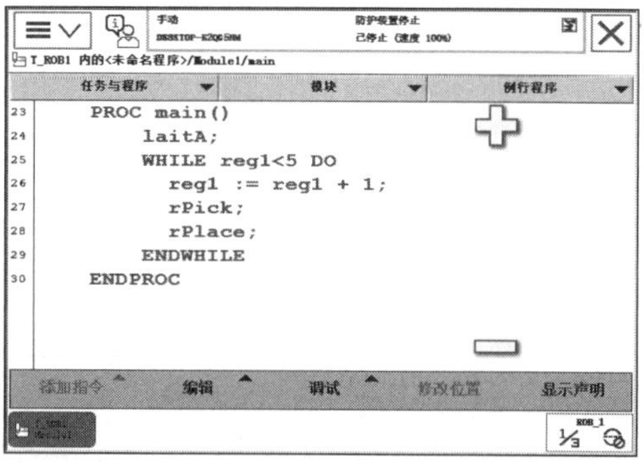

（五）程序调试

程序编辑完成后，需要对程序进行调试，程序调试的目的如下：

（1）检查程序的位置点是否正确。

（2）检查程序的逻辑控制是否有不完善的地方。

调试主程序的步骤如下：

（1）打开"调试"菜单，点击"PP 移至 Main"，如图 6-1-7 所示。

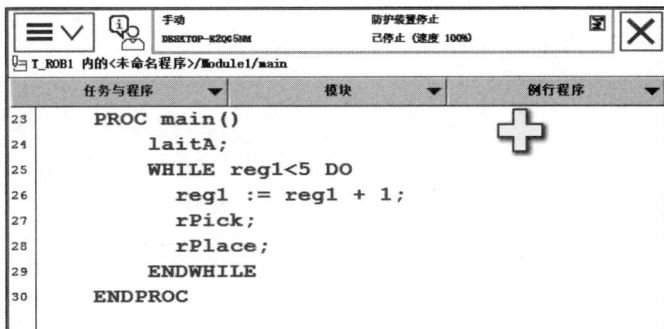

图 6-1-7　调试主程序

（2）PP 便会自动指向主程序的第一条指令。

（3）按下使能按钮，进入电机开启状态。

（4）按一下程序启动按钮，并注意观察机器人的移动，再按下程序停止按钮后，方可松开使能按钮。

注意：本书中调试例行程序以调试主程序为例，其他例行程序的调试步骤与上述调试步骤相同。

六、学习评价

完成任务学习后，请同学们对学习结果进行评价，并填写表 6-1-10。

表 6-1-10　任务 6.1 学习结果评价表

序号	评价内容及标准	评价结果
1	能够在示教器中添加循环指令并显示	□合格　□不合格
2	能够正确创建码垛的初始化例行程序、抓取例行程序、放置例行程序	□合格　□不合格
3	能够正确实现码垛工作流程	□合格　□不合格

七、作业测试

1. 选择题

（1）阅读如下程序，当循环结束后，X 的值为（　　）。

```
X=0;
  WHILE  X<50  ;
    X=（X+2）*（X+3）;
```

```
        Print（X）；
```

　A. 50　　　　　　　B. 72　　　　　　　C. 168　　　　　　　D. 0

（2）语句 WHILE（!e）；中的条件!e 等价于（　　　）。

　A. e==0　　　　　　B. e!=1　　　　　　C. e!=0　　　　　　D. ～e

（3）以下程序段（　　　）。

```
int x=-1;
do
{
x=x*x;
}
WHILE（! x）；
```

　A. 是死循环　　　　　　　　　　　　B. 循环执行二次

　C. 循环执行一次　　　　　　　　　　D. 有语法错误

（4）以下关于循环的描述中，错误的是（　　　）。

　A. 可以用 FOR 语句实现的循环一定可以用 WHILE 语句实现

　B. 可以用 WHILE 语句实现的循环一定可以用 FOR 语句实现

　C. 可以用 DO...WHILE 语句实现的循环一定可以用 WHILE 语句实现

　D. DO...WHILE 语句与 WHILE 语句的区别仅仅是关键字 WHILE 的位置不同

（5）以下关于循环的描述中，错误的是（　　　）。

　A. WHILE、DO...WHILE 和 FOR 语句的循环体都可以是空语句

　B. FOR 和 DO...WHILE 语句都是先执行循环体，后进行循环条件判断的

　C. WHILE 语句是先进行循环条件判断，后执行循环体的

　D. 使用 WHILE 和 DO...WHILE 语句时，循环变量初始化的操作应在循环语句
　　之前完成

（6）以下关于循环体的描述中，错误的是（　　　）。

　A. 循环体中可以出现 BREAK 语句

　B. 循环体中可以出现 CONTINUE 语句

　C. 循环体中不能出现 SWITCH 语句

　D. 循环体中还可以出现循环语句

（7）在 WHILE（x）语句中的 x 与下面条件表达式等价的是（　　　）。

　A. x==0　　　　　　B. x==1　　　　　　C. x!=1　　　　　　D. x!=0

（8）当 WHILE 语句构成的循环中的条件为（　　　）时，结束循环。

　A. 0　　　　　　　　B. 1　　　　　　　　C. 真　　　　　　　　D. 非 0

2. 填空题

（1）在 WHILE 语句里面可以再嵌套 WHILE 语句，最好嵌套_____层。

（2）在 WHILE 语句里面不能使用_____语句跳出，否则，经过一定次数的循环后，最终会因堆栈内存不足而报警。

（3）可以使用_____语句中途退出 WHILE 语句。

（4）WHILE 语句必须和_____语句配套使用。

（5）码垛是指将物品整齐、规则地摆放成货垛的作业。它根据物品的_____、_____、_____等因素，结合仓库存储条件，将物品码放成一定的货垛。

（6）码垛机器人的工作能力与其_____、_____、_____有关。

（7）拣选作业由并联机器人同时完成_____、_____、_____和_____等动作。

3. 简答题

（1）简述工业机器人码垛的技术要求。

（2）简述码垛能力有限的解决方案。

（3）简述程序调试的目的。

任务 6.2　复杂码垛

一、任务描述

《中国制造 2025》是我国实施制造强国战略第一个十年的行动纲领，以推进智能制造为主攻方向，围绕数控机床、工业机器人技术等领域全面提升国家的实力，从中国制造向中国智造转变。通过本任务的学习，使学生切实感受到本课程的学习与中国的发展密切相关，从而有一种学习的使命感与责任感，进而培养学生的学习热情，增强学生的爱国情怀。

图 6-2-1 所示为复杂码垛示意图，在本任务中，码垛的过程为依次从传送带中上吸取物料块，搬运至码垛区相应位置。

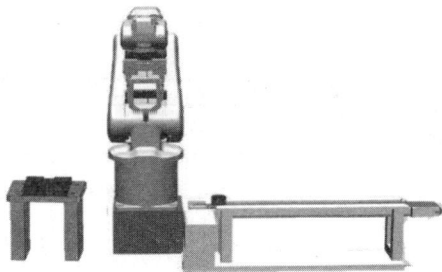

图 6-2-1　复杂码垛示意图

二、学习目标

- 能够理解和运用条件判断指令 IF。
- 能够理解和运用逻辑控制指令 TEST。
- 能够添加条件判断指令 IF，并正确添加判断条件。
- 能够理解和运用数组进行编程。
- 能够根据任务要求使用条件判断指令 IF 和数组进行复杂码垛编程。

三、导学框图

任务 6.2 的导学框图如图 6-2-2 所示。

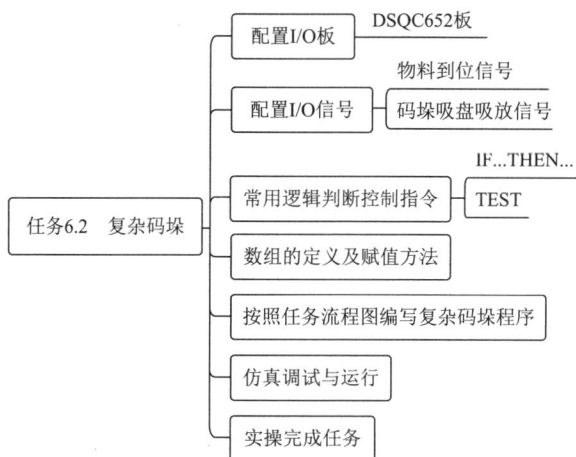

图 6-2-2　任务 6.2 导学框图

四、任务探究

（一）复杂码垛的任务流程是怎样的

机器人码垛运动可分解为检测传送带信息、抓取工件、判断放置位置及放置工件等一系列子任务，复杂码垛任务流程图如图 6-2-3 所示。

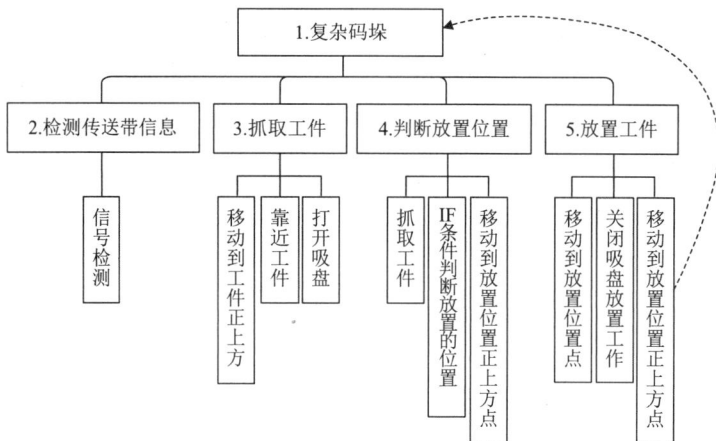

图 6-2-3　复杂码垛任务流程图

（二）复杂码垛程序中常用的流程控制类指令有哪些

1. 条件控制指令 IF

【探究】常用条件控制 IF 指令如何使用？

（1）Compact IF（如果满足条件，那么...）称为紧凑型条件判断指令，因为它根据判断只能执行一个指令。

该指令的使用格式如下:

```
IF<条件表达式><指令>;
```

程序分析 1:

```
IF reg1>5 THEN Set do1;
```

做一做:如果 reg1>_____条件满足,则执行 Set do1 指令。

程序分析 2:

```
IF flag1 = TRUE GOTO LabA;
```

做一做:如果_____=TRUE,则跳转至标签 LabA。

(2)IF(如果满足条件,那么...否则...)为条件判断指令,可以进行多重判断,根据不同的满足条件,执行相应的指令。

该指令的使用格式为:

```
IF<条件表达式 1>THEN
<指令 1>
ELSE IF<条件表达式 2>THEN
<指令 2>
ELSE<指令 3>
ENDIF
```

程序分析 1:

```
IF reg1>0 AND reg1<5 THEN
Set do1;
ELSEIF reg1>=5 THEN
Reset do1;
ELSE reg1:=0;
ENDIF
```

做一做:如果 reg1 位于 0 与 5 之间,则 do1=_____;

如果 reg1 大于等于 5,则 do1=_____;

其余情况下则令 reg1 赋值为 0。

2. 逻辑控制指令 TEST

【探究】常用逻辑控制 TEST 指令如何使用?

TEST(根据表达式的值)指令可以判断表达式或数据的多个值,根据不同的值执行相应的指令,该指令的使用格式为

```
TEST reg1
CASE1:
routine1;
CASE2:
routine2;
DEFAULT:
Stop;
ENDTEST
```

判断 reg1 的数值,若为 1 则执行 routine1,若为 2 则执行 routine2,否则执行 Stop

TEST 指令的使用：以选择例行程序为例，讲解如何使用 TEST 指令判断数值选择例行程序。

程序分析 1：

```
TEST reg1
CASE1:
MoveL  P10,v100,z50,tool1;
CASE2,3:
MoveJ  P20,v100,z50,tool1;
DEFAULT:
stop;
ENDTEST
```

做一做：判断＿＿＿＿的值，如果为 1，则线性移动至＿＿＿点；如果为 2 或 3，则关节运动至＿＿＿＿＿ 点，否则机器人停止运行。

程序分析 2：

```
TEST GO1
CASE2:
Routine2;
CASE3:
Routine3;
CASE5:
Routine5;
DEFAULT:
STOP;
ENDTEST
```

做一做：判断输出信号 do1 的值，如果为＿＿＿＿，则执行例行程序 routine2；如果为＿＿＿＿，则执行例行程序 routine3；如果为＿＿＿＿＿，则执行例行程序 routine5，否则停止运行。

3. 流程控制类指令的使用说明

（1）TEST 指令可以添加多个"CASE"，但只能有一个"DEFAULT"。

（2）TEST 可以判断所有数据类型，但是判断的数据必须拥有值。

（3）如果并没有过多的选择，则可使用 IF…ELSE 指令。

（三）程序中数组的定义及赋值方法是什么

在程序设计中，为了处理方便，把相同类型的若干变量按有序的形式组织起来，这些按序排列的同类数据元素的集合称为数组。

一维数组是最简单的数组，其逻辑结构是线性表。二维数组在概念上是二维的，即在两个方向上变化，而不是像一维数组只是一个向量；一个二维数组也可以分解为多个一维数组。

数组中的各元素是有先后顺序的，元素用整个数组的名字及其自己所在顺序位置来表示。例如：

以 a 一维定义的数组，a 维上有 3 列，分别是 5、7、9；见表 6-2-1。例如，a{2}是代表数组的第 2 列，故 a{2}=7。

表 6-2-1　一维数组 a[3]元素表

A{3}	5	7	9

数组a[3][4]，是一个三行四列的二维数组，见表6-2-2。例如，a[3][1]代表数组的第3行第1列，故a[3][1]=9。

表 6-2-2　二维数组 a[3][4]元素表

	a[　][1]	a[　][2]	a[　][3]	a[　][4]
a[1][　]	1	2	3	4
a[2][　]	5	6	7	8
a[3][　]	9	10	11	12

在 RAPID 语言中，数组的定义为 num 数据类型。程序调用数组时从行列数"1"开始计算。

例如：MoveL offs(pPlace{s},x,y,0), v1000, fine, tool0;此语句中调用数组"pPlace"，当s值为1时，调用的即为"pPlace"数组的第一行的元素值，使机器人运动到对应位置点。

五、任务实施

（一）观看录像

观看码垛机器人在工厂自动化生产线中的应用录像，记录工业机器人的品牌及型号，并查阅相关资料，了解码垛机器人在实际生产中的应用。

（二）根据码垛任务规划程序点和运动路径

本任务采用在线示教的方式编写码垛的作业程序，码垛的过程为依次从传送带的末端吸取物料块（尺寸为 65mm×33mm×15mm），搬运至码垛区相应位置，如图 6-2-4 所示。

图 6-2-4　码垛示意图

在本任务中利用数组实现搬运码垛，采用六个示教点和一个数组来实现码垛程序的编写。程序中运用偏移 offs 指令、TEST 指令调用数组，实现随机设置码垛数量。

（三）示教前的准备

1. 配置 I/O 单元根据

根据表 6-2-3 的参数配置 I/O 单元。

表 6-2-3　I/O 单元参数

Name	Type of Unit	Connected to Bus	DeviceNet Address
Board10	D652	DeviceNet1	10

2. 配置 I/O 信号

根据表 6-2-4 的参数配置 I/O 信号。

表 6-2-4　I/O 信号参数

Name	Type of Signal	Assigned to Unit	Unit Mapping	I/O 信号注释
di01	Digital Input	Board10	1	物料到位信号
do00_xipan	Digital Output	Board10	0	控制吸盘
di07_MotorOn	Digital Input	Board10	7	电动机上电（系统输入）
di08_Start	Digital Input	Board10	8	程序开始执行（系统输入）
di09_Stop	Digital Input	Board10	9	程序停止执行（系统输入）
di10_StartAtMain	Digital Input	Board10	10	从主程序开始执行（系统输入）
dill_EstopReset	Digital Input	Board10	11	急停复位（系统输入）
do05AutoOn	Digital Output	Board10	5	电动机上电状态（系统输出）
do06_Estop	Digital Output	Board10	6	急停状态（系统输出）

（四）建立程序

码垛程序由主程序、初始化子程序、抓取例行程序、放置例行程序等子程序构成，具体见表 6-2-5。

表 6-2-5　码程序说明

序号	程序	说明
1	main	主程序
2	laitA	初始化子程序
3	rPick	抓取例行程序
4	rPlace	放置例行程序

1. 主程序

主程序用于控制整个流程，是程序的入口，通过赋值给 nCount 变量，设置码垛块的数量，通过 TEST 指令判断设置的个数，机器人按照设定好数量执行搬运程序，程序代码如下（参考 Case1 程序补充 Case2、Case3、Case4、Case5、Case6 程序）。

```
proc main()
nCount:=1;                          ! 设置物块数量的个数，赋值给 nCount
csh;                                !调用初始化程序
IF nCount<7 and nCount>0 THEN       ! 判断 nCount 的值是否在有效值里
TEST nCount;
Case 1:! 当 nCount 物块为 1 时
    FOR n FROM 1 TO nCount DO        ! 告诉机器人需要搬运多少块物料
```

```
            WAITDI di01,1;                    ! 等待物料到位
            rPlace;                           ! 调用取料程序
            pPlace;                           ! 调用放料程序
            ENDFOR
        Case 2:! 当 nCount 物块为 2 时
```

Case 3:! 当 nCount 物块为 3 时

Case 4:! 当 nCount 物块为 4 时

Case 5:! 当 nCount 物块为 5 时

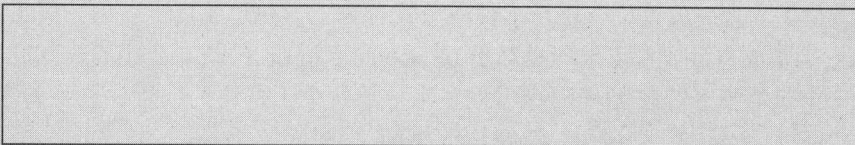

Case6:! 当 nCount 物块为 6 时

```
        ENDTEST
```

2. 初始化子程序

初始化子程序用于将机器人回到安全工作原点（pHome 点位），防止因机器人未回位就启动系统带来机械臂和工作台发生碰撞的危险。初始化子程序还可以对信号及变量复位，具体程序如下：

```
PROC  csh()
    Movej pHome,v1000,z50,tool0;      !回原点
ConfL\Off;                            !关闭线性运动轴配置
    ConfJ\Off;                        !关闭关节运动轴配置
Reset do00_xipan;                     !初始化 do00_xipan 信号
ENDPROC
```

3. 抓取例行程序

抓取子程序主要用于拾取工件，动作路径包括机器人判断工件拾取数量及工件是否到达传送带末端→机器人运动到传送带拾取位正上方→拾取位→抓紧工件→拾取位正上方→过渡点。

抓取工件块的目标点位是固定不变的，抓取工件块子程序如下：

```
PROC rPick()
laitA;                                        !使机器人回到原点
movel offs(rPlace,0,0,150),v1000,z50,tool0;   !取物块 rPlace 的上方点
movel offs(rPlace,0,0,0),v100,fine,tool0;     !到达物块 rPlace 的点
set do00_xipan;                               !置位吸盘信号
waittime 0.3;                                 !等待 0.3 秒
movel offs(rPlace,0,0,15),v100,fine,tool0;    !取物块的 rPlace 上方点
movel offs(rPlace,0,0,150),v1000,z50,tool0;   !取物块的 rPlace 上方点
laitA;                                        !使机器人回到原点
ENDPROC
```

4. 放置例行程序

放置子程序主要用于放置工件，动作路径包括机器人运动到拾取位和放置位中间的过渡点→放置位正上方→放置位→松开工件→放置位正上方→过渡点。以第一层工件块放置位置 pPlace 为基准点，放置点位均相对于 pPlace 向上增加 X、Y、Z 距离，因此在程序中可以通过一个赋值指令，在循环码垛过程中来计算每个工件块的放置位置（参考 Case 1 程序补充 Case 2、Case 3、Case 4、Case 5、Case 6 程序）：

```
PROC pPlace()
moveabsj Phome1,v1000,z50,tool0;      !使机器人到达 Phome1 点
movel offs(pPlace{nCount},0,0,150),v1000,z50,tool0; !放物块pPlace{s}的
                                                     上方点
movel offs(pPlace{nCount},0,0,0),v100,fine,tool0;  !到达物块pPlace{s}的点
reset do00_xipan;                     !复位吸盘信号
waittime 0.3;                         !等待 0.3 秒
movel offs(pPlace{nCount},0,0,15),v100,fine,tool0; !取物块的pPlace{s}
                                                     上方点
movel offs(pPlace{nCount},0,0,150),v1000,z50,tool0;!取物块的pPlace{s}
                                                     上方点
moveabsj Phome1,v1000,z50,tool0;      !使机器人到达 Phome1 点
laitA;                                !使机器人回到原点
ENDPROC
```

5. 程序建立的实施步骤

（1）建立如图 6-2-5 所示的例行程序。

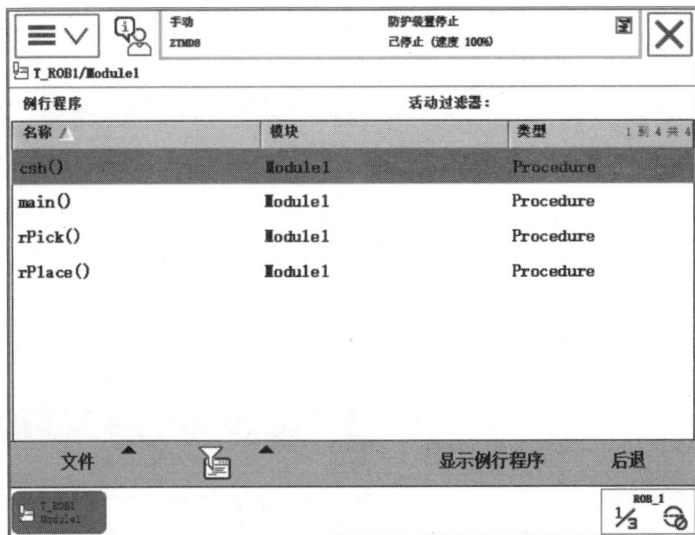

图 6-2-5　建立例行程序

（2）程序的具体操作步骤如表 6-2-6 所示。

表 6-2-6　例行程序的操作步骤

步骤	操作说明	图示
1	点击主菜单按钮，选择"程序数据"选项	
2	选择数字类型"num"，并点击右下角的"显示数据"按钮	

步骤	操作说明	图示
3	点击图示底栏的"新建"按钮	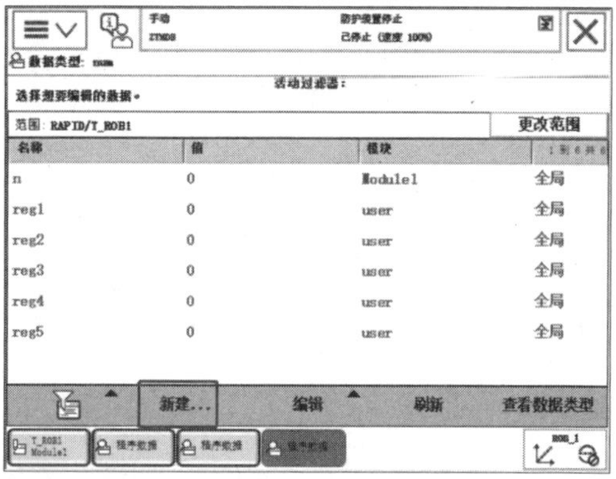
4	按照图示将"名称"改为"pPlace";"存储类型"选为可变量;"维数"选为 1;然后点击右侧"..."按钮,将"第一"改为（6）	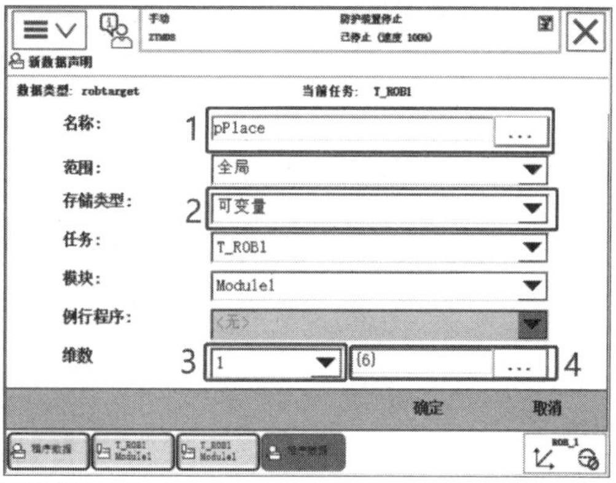
5	根据预先规划好的使用需求,对此数组中的值进行相应的设置,如右图所示。取物料时的数组"pPlace"定义为:{1}——1号物料位置点;{2}——2 号物料位置点;{3}——3 号物料位置点;{4}——4号物料位置点;{5}——5 号物料位置点;{6}——6号物料位置点	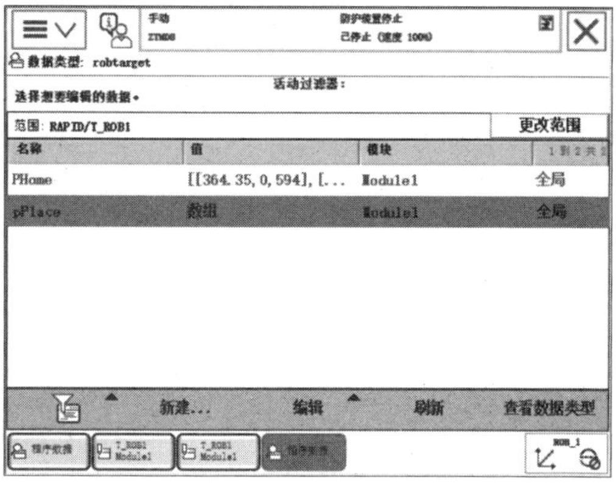
6	{1}——1 号物料位置	

续表

步骤	操作说明	图示
7	{2}——2 号物料位置	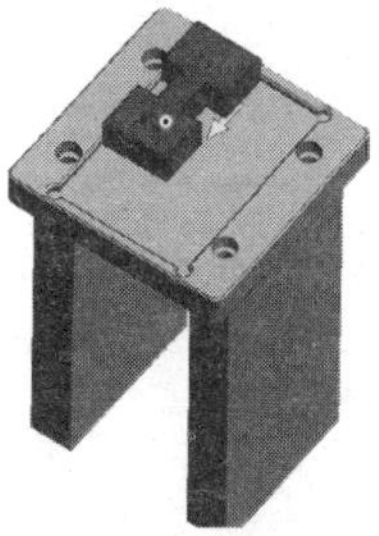
8	{3}——3 号物料位置	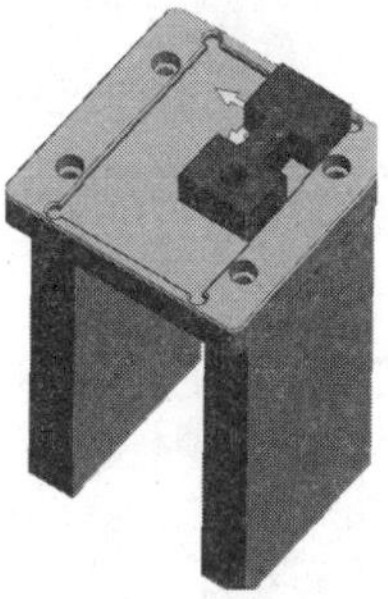
9	{4}——4 号物料位置	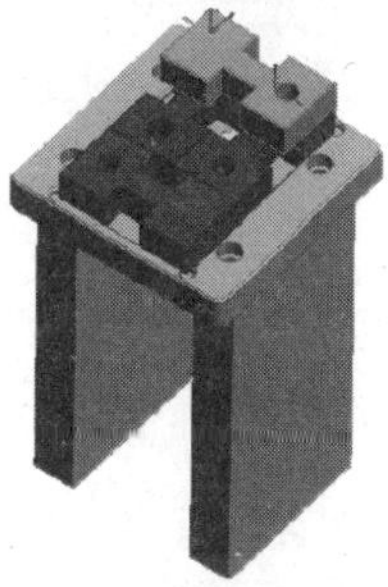
10	{5}——5 号物料位置	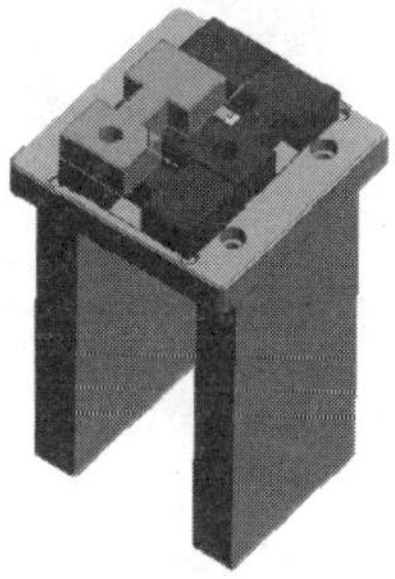
11	{6}——6 号物料位置	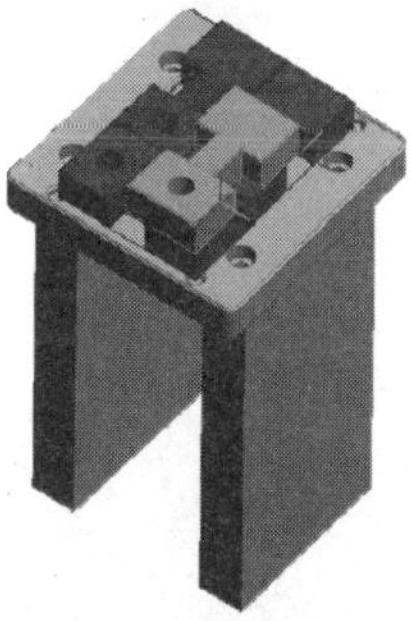

步骤	操作说明	图示
12	在例行程序列表中选择"csh()"选项，点击"显示例行程序"按钮	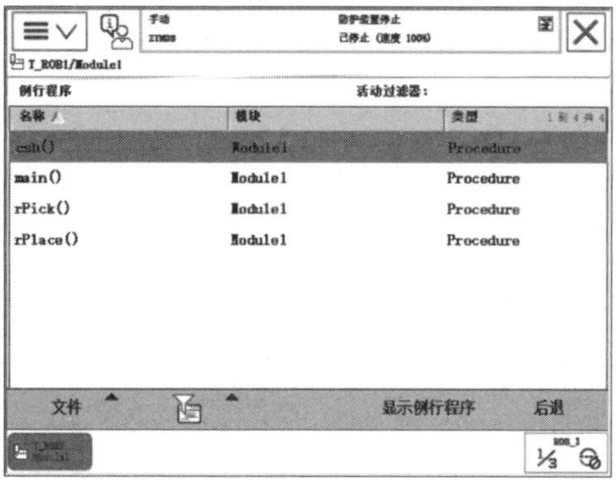
13	添加初始化指令： （1）机器人 pHome 点位置； （2）添加 ConfL 指令，关闭直线运动时轴配置数据轴配置参数； （3）添加 ConfJ 指令，关闭关节运动时轴配置参数； （4）复位吸盘	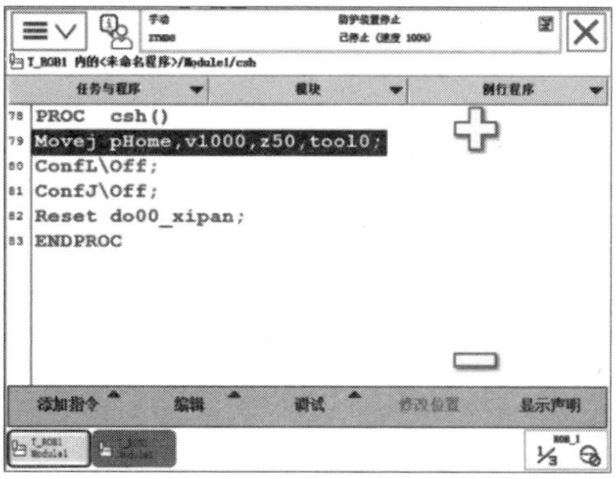
14	回到例行程序显示界面，选择"rPick"例行程序，点击"显示例行程序"按钮	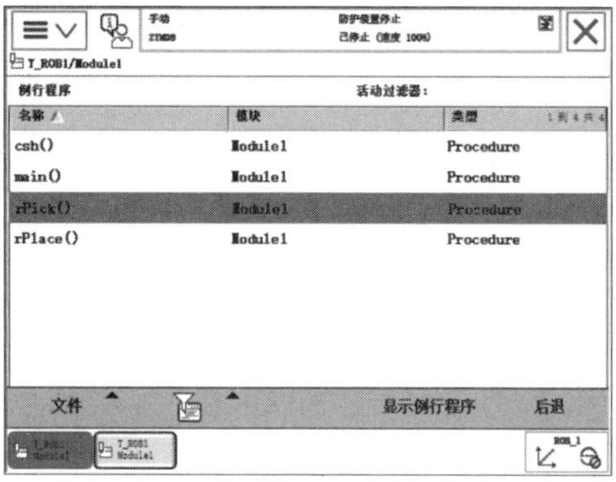
15	编写抓取例行程序	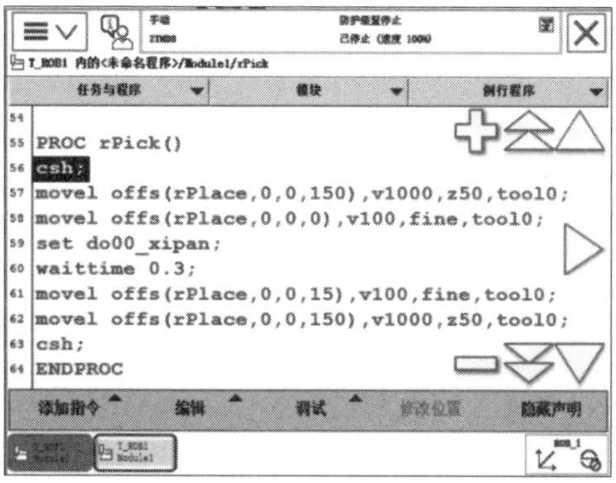

续表

步骤	操作说明	图示
16	回到例行程序显示界面，选择"rPlace"例行程序，点击"显示例行程序"按钮	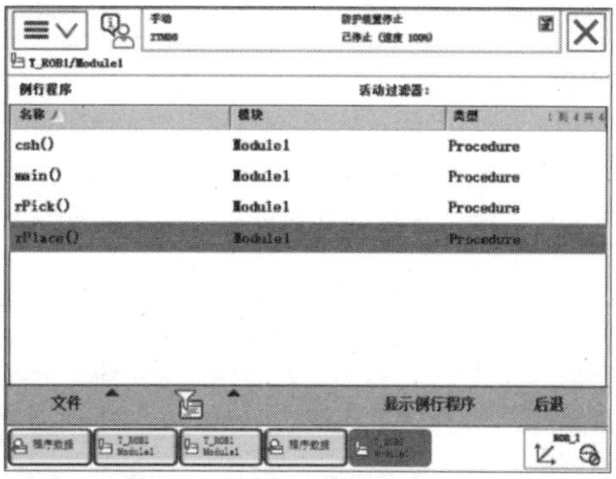
17	编写放置例行程序	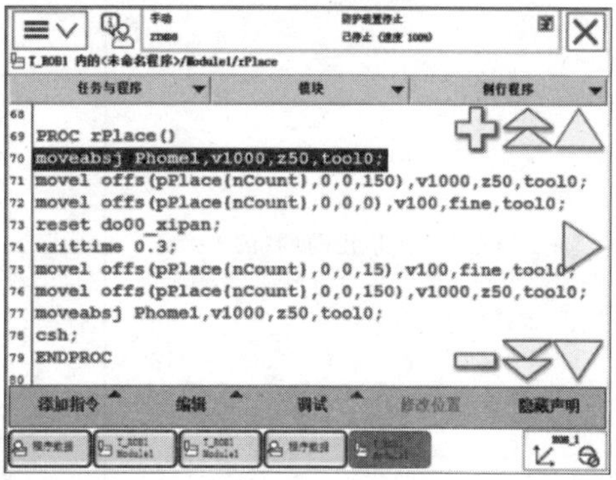
18	回到例行程序显示界面，选择"main"例行程序，点击"显示例行程序"按钮	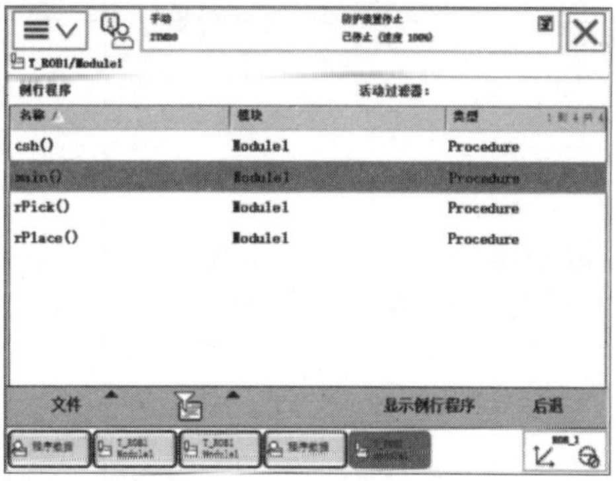
19	点击"添加指令"按钮，选择"IF"选项，点击"添加 ELSE"按钮	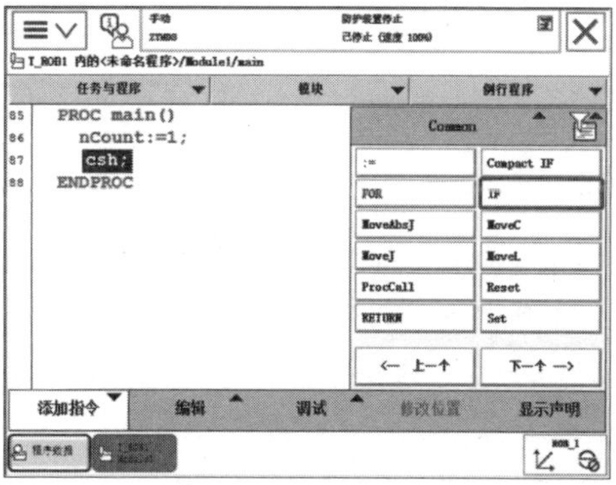

步骤	操作说明	图示
20	点击<EXP>，再点击图示底栏的"更改数据类型"按钮	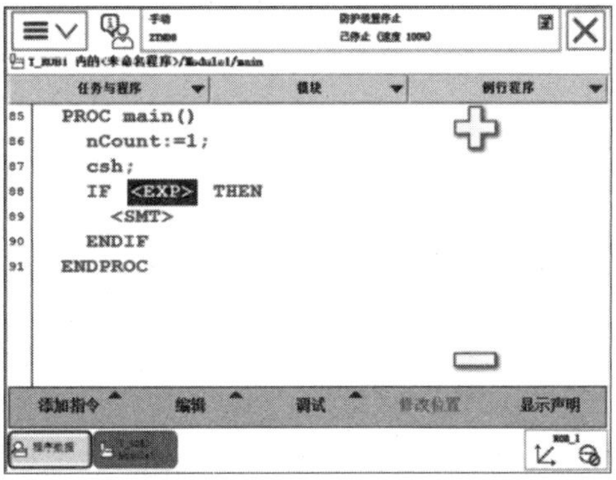
21	选择"num"，点击图示底栏的"确定"按钮	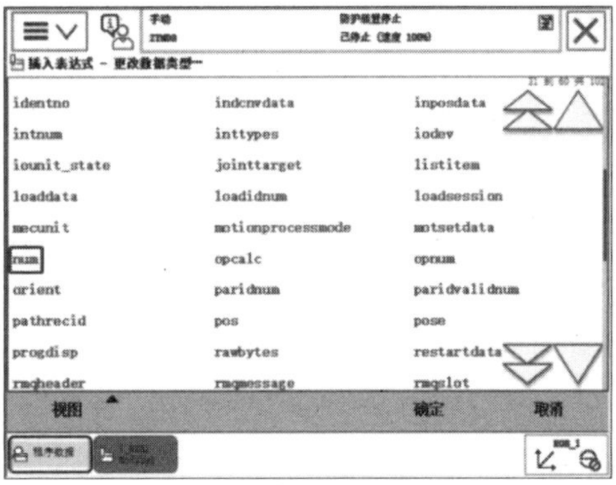
22	输入判断条件：nCount<7 and nCount>0，点击图示底栏"确定"按钮	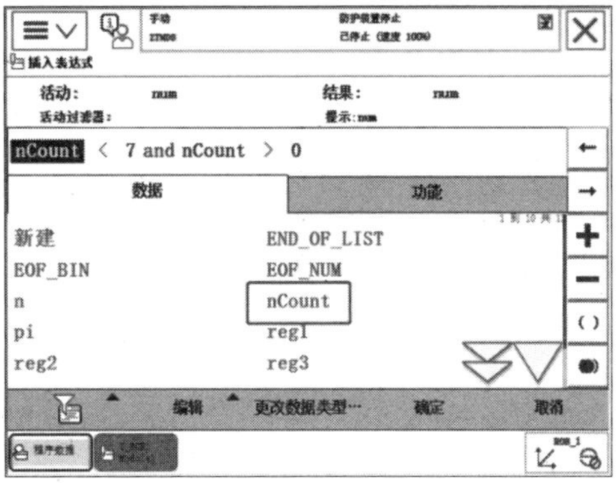
23	在指令库窗口点击"Prog.Flow"，选择"TEST"指令	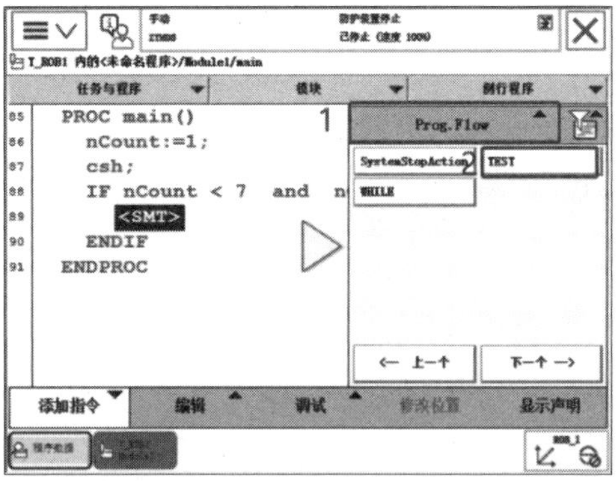

续表

步骤	操作说明	图示
24	点击<EXP>，选择"nCount"	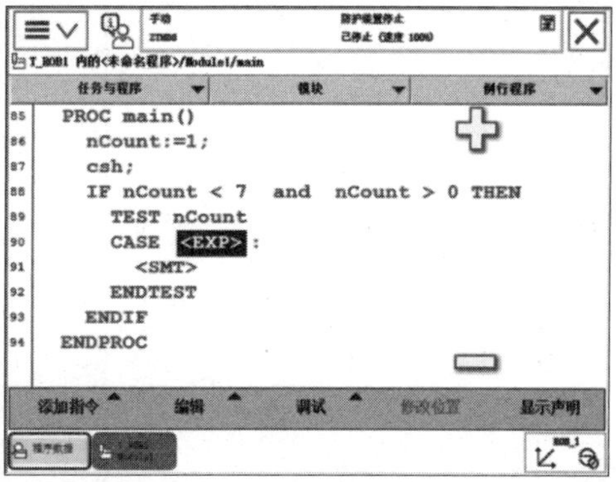
25	点击图示底栏的"编辑"按钮，选择"仅限选定内容"选项，将内容输入"1"	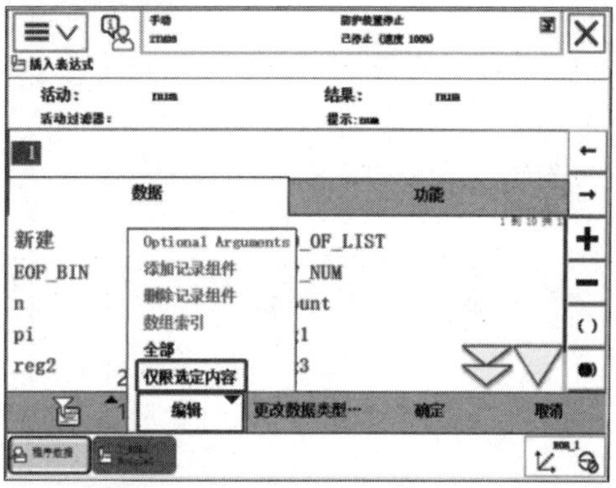
26	点击"TEST"指令，点击图示底栏的"添加 CASE"按钮，添加六个"CASE"程序流指令	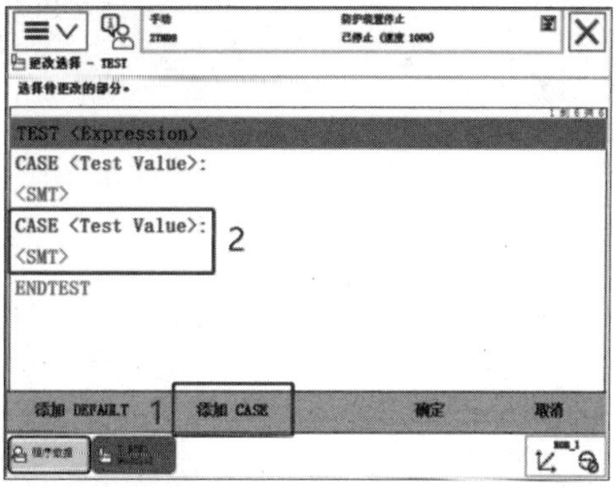
27	六个"CASE"程序流指令	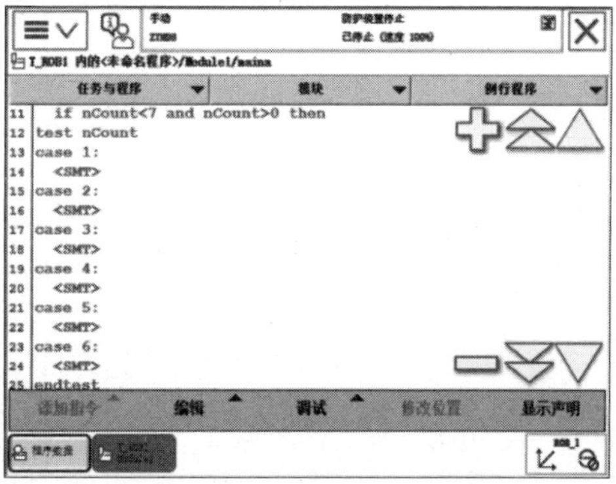

续表

步骤	操作说明	图示
28	添加 FOR 指令，机器人判断需要循环搬运多少块物料	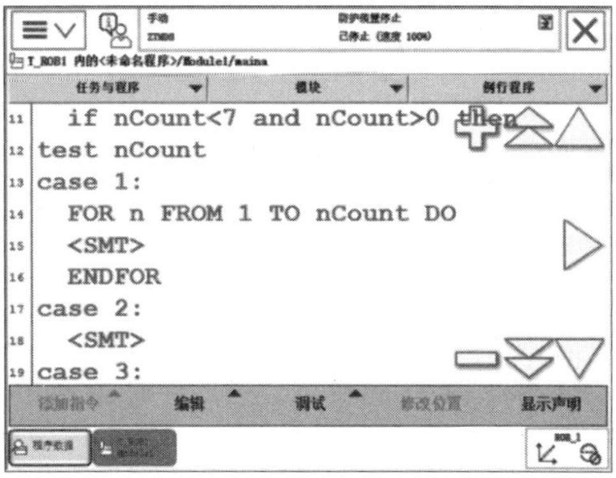
29	（1）添加 "WAITDI" 指令，等待物料到位信号； （2）调用取料的子程序 rPick； （3）调用放料的子程序 rPlace	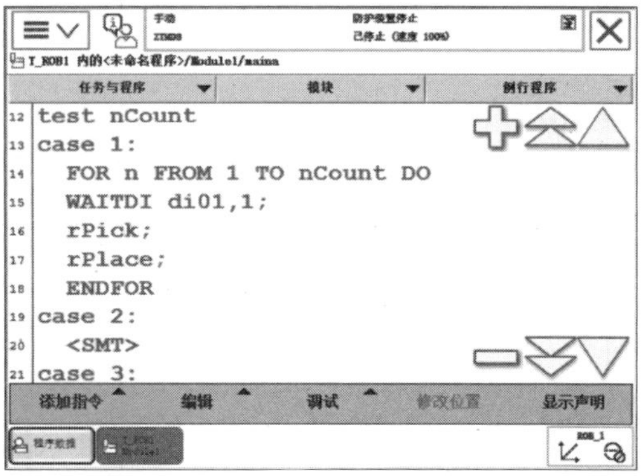
30	利用同样的方法将 case2、case3、case4、case5、case6 的程序补充完成	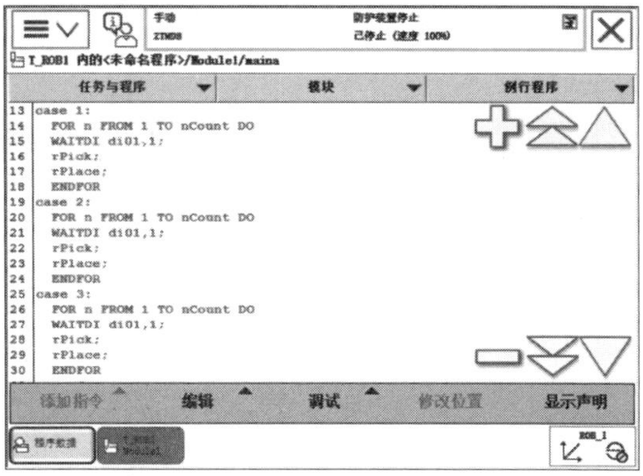
31	机器人运行完程序将变量 nCount 赋值为 0	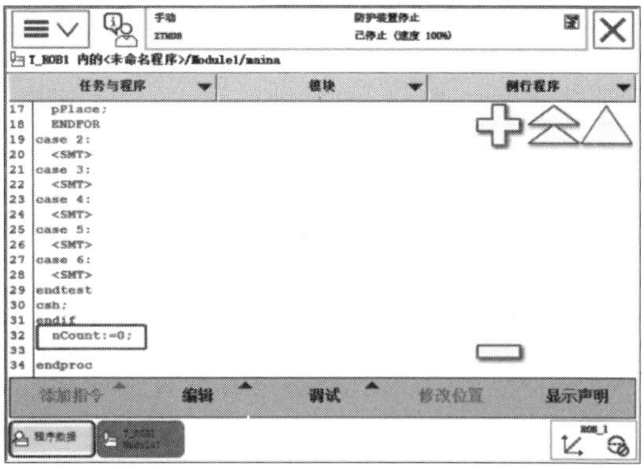

（五）程序调试

（1）检查程序的逻辑控制是否有不完善的地方。

（2）调试主程序的步骤如下：

① 打开"调试"菜单，选择"PP 移至 Main"选项。

② PP 便会自动指向主程序的第一条指令。

③ 按下使能按钮，进入电机开启状态。

④ 按一下程序启动按钮，并注意观察机器人的移动，再按下程序停止按钮后，方可松开使能按钮。

注意：本书中调试例行程序以调试主程序为例，其他例行程序的调试步骤与上述调试步骤相同。

完成程序的编写后，下一步的工作就是对程序进行调试，最终码垛结果如图 6-2-6 所示，圆柱块码两层。

图 6-2-6　码垛垛型

六、学习评价

完成任务学习后，请同学们对学习结果进行评价，并填写表 6-2-7。

表 6-2-7　任务 6.2 学习结果评价表

序号	评价内容及标准	评价结果
1	能够在示教器中添加逻辑控制指令并显示	□合格　□不合格
2	能够正确创建复杂码垛的初始化例行程序、抓取例行程序、放置例行程序	□合格　□不合格
3	能够正确实现复杂码垛工作流程	□合格　□不合格

七、作业小测

1. 选择题

（1）紧凑型条件判断指令（　　　），用于当一个条件满足了以后，就执行一句指令。

　　A. IF　　　　　　　B. TEST　　　　　　　C. FOR　　　　　　　D. ProcCall

（2）阅读以下程序，当 counter 数值为 99 时，则向 counter 分配相应的限值为（　　　）。

```
IF counter>100 THEN
counter:=100;
ELSEIF counter<0 THEN
counter:=0;
ELSE
counter:=counter+1;
ENDIF
```

  A．0   B．1   C．100   D．−1

（3）阅读以下程序，当 reg1 的值为（　　）时，执行 routine2。

```
TEST reg1
CASE1,2,3:
routine1;
CASE4:
routine2;
DEFAULT:
TPWrite"llegalchoice";
ENDTEST
```

  A．1   B．2   C．3   D．4

2. 简答题

（1）IF 流程控制类指令的使用注意事项有哪些？

（2）TEST 流程控制类指令的使用注意事项有哪些？

3. 操作题

编写程序完成将圆柱体从 A 板上抓取并在 B 板上做码垛操作。码垛结果为圆柱体码三层，如图 6-2-7 所示。

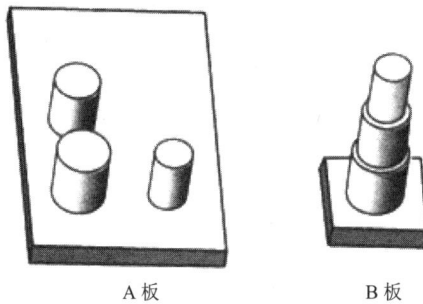

A 板   B 板

图 6-2-7　码垛示意图

主要参考文献

蒋正炎，2017．工业机器人工作站安装与调试（ABB）[M]．北京：机械工业出版社．

梁盈，2021．ABB 工业机器人操作与编程[M]．北京：机械工业出版社．

卢玉锋，胡月霞，2019．工业机器人技术应用（ABB）[M]．北京：水利水电出版社．

熊隽，文清平，2021．工业机器人编程与调试（ABB）[M]．北京：机械工业出版社．

杨辉静，陈冬，2018．工业机器人现场编程（ABB）[M]．北京：化学工业出版社．